Before

恐竜・古生物ビフォーアフター

監 群馬県立
自然史博物館

著 土屋 健

絵 ツク之助

After

イースト・プレス

— *Borealopelta* —

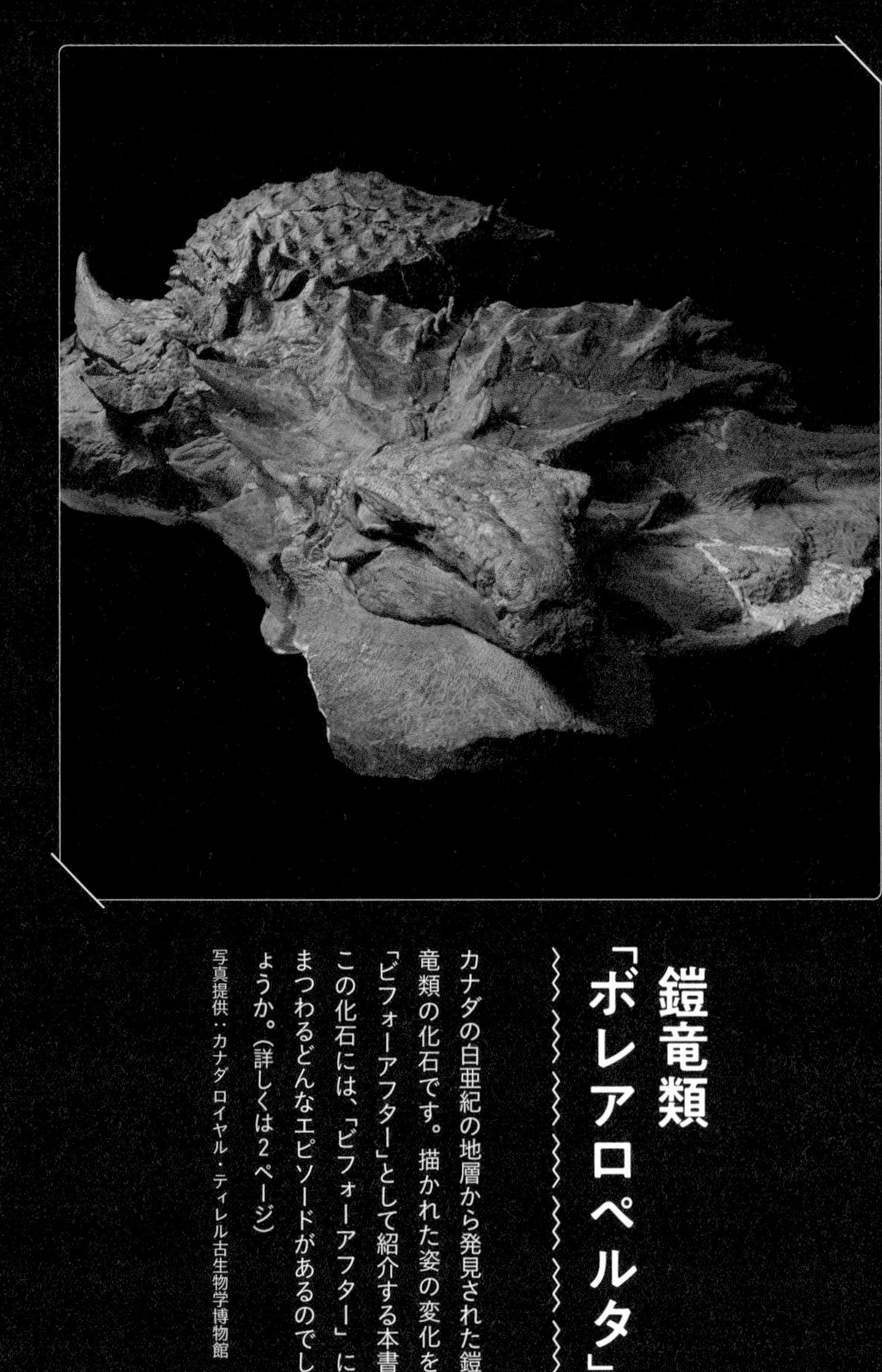

鎧竜類「ボレアロペルタ」

カナダの白亜紀の地層から発見された鎧竜類の化石です。描かれた姿の変化を「ビフォーアフター」として紹介する本書。この化石には、「ビフォーアフター」にまつわるどんなエピソードがあるのでしょうか。(詳しくは2ページ)

写真提供：カナダ ロイヤル・ティレル古生物学博物館

はじめに

「あれ？　子どもの頃に見た恐竜とちがうな？」

久しぶりに恐竜図鑑を開いて、そう感じたことはありませんか？

大人になって子どもたちと一緒にページを開く。あるいは、ふいに手に取る。もしくは、何かの偶然で目に入る。

その〝久しぶり〟の間隔が長ければ長いほど、「かつてのイメージ」とのギャップが大きく、驚かれることになるかと思います。

本書は、そんな「イメージのギャップ」に注目した1冊です。恐竜、および、恐竜図鑑に常連の古生物やトピックスが、どのように変化したのかに迫っています。

もちろん、〝大人ではないみなさん〟にもお楽しみいただけるでしょう。かつての図鑑で恐竜やその仲間たちがどのように描かれていたのか、ぜひ、ご確認いただければと思います。

さて、昔……といっても、その感覚は人によってさまざま。恐竜のイメージも、かつてみなさんがどのような情報に触れていたのかによって、ちがうでしょう。

そこで、本書では、1970年代〜1990年代の書籍をピックアップし、それらの出版情報を調べ、発行部数や売り上げ率の高かった本を中心として、〝当時の典型的な恐竜イメージ〟と仮定しました。そして、そのイメージと最新情報とのちがいをまとめています。

この数十年におきた変化の一例として、口絵（2ページ前）に、カナダの白亜紀の地層から発見された鎧竜類「ボレアロペルタ（*Borealopelta*）」を用意しました。

この恐竜の化石は、まるで先ほど死んだばかりのように、驚異的な保存状態で残されていました。鎧竜類の化石でこれほど完全な状態でみつかった例は過去にありません。

過去の鎧竜類の姿は、程度の差こそあれ、部分的な化石から推測して描いてきたものです。

しかし、ボレアロペルタはちがいます。生きていたときの姿そのまま。そして、その姿がかつて描かれてきた鎧竜の復元とそっくりだったのです。時代の変化は、何も姿の変化と直結するわけではありません。こうしたかつての推測をより強固にする発見もあるのです。

本書は、群馬県立自然史博物館のみなさまにご監修いただいております。書籍情報は、恐竜倶楽部の会員にして、ジャズピアニストの田村博さんにご提供いただきました。お忙しい中、本当にありがとうございました。恐竜たちの「ビフォー」と「アフター」を可愛らしいイラストで描いてくれたのは、ツク之助さんです。そして、編集はイースト・プレスの黒田千穂さんでお送りしています。

最後に本書を手にとっていただいたみなさまに特大の感謝を。

〝恐竜たちの変化〟をどうぞお楽しみください。

2019年5月　筆者

Content
目次

Chapter1

1章 姿が変わった恐竜

Content

Chapter3
3章

恐竜以外のビフォーアフター

Content

Prologue

序章

恐竜・古生物の基礎知識

「恐竜ってどんな生物？」
「どんな時代に生きていた？」
そんな疑問をおもちのあなたは、
まずこの章から。

そもそも恐竜類とは？

この本には、恐竜類、および、恐竜がいた時代のさまざまな動物たちが登場します。

では、そもそも恐竜類とは、いったいどのような動物なのでしょうか？

恐竜類に共通する特徴を一つ紹介しておきましょう。

それは「直立歩行をする」ということです。

ここでいう「直立歩行」とは、人類のように背筋をピンと真上に伸ばして歩くことではありません。

胴体から真下に向かって脚が伸びていること。これが「直立歩行」です。

すべての恐竜類は直立歩行をします。

同じように直立歩行をする脊椎動物として、哺乳類を挙げるこ

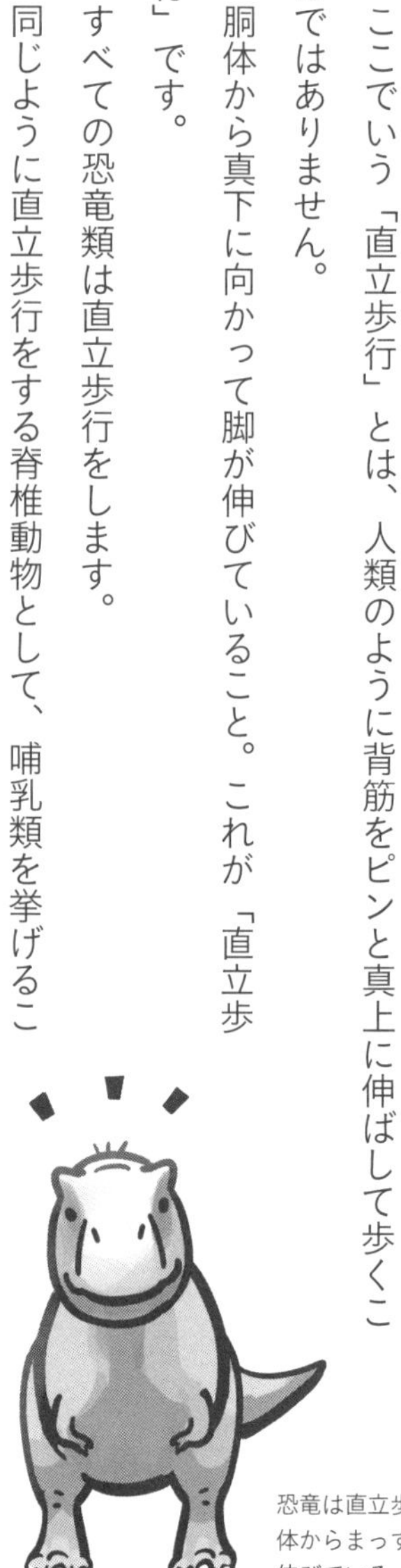

恐竜は直立歩行。胴体からまっすぐ脚が伸びている。

恐竜の分類

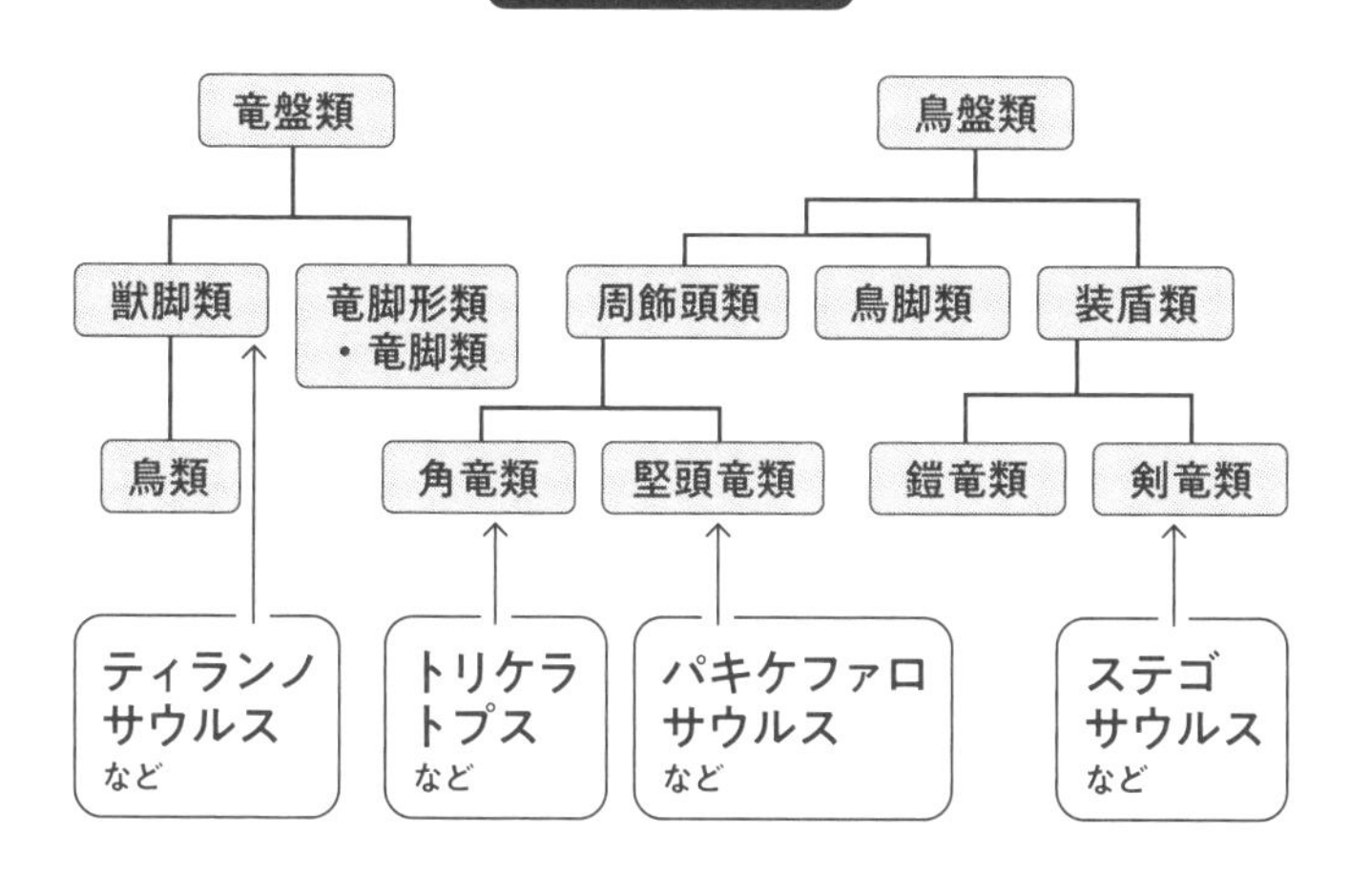

とができます。イヌやネコなど、身近な哺乳類の脚のつき方を確認してみてください。胴体から真下に向かって脚が伸びていることがわかるでしょう。

恐竜類も同じです。

ただし、恐竜類はイヌやネコのような哺乳類ではなく、爬虫類(はちゅうるい)を構成するグループの一つです。ワニやカメ、トカゲなどと同じです。しかし、現生の爬虫類の脚は、胴体の真下ではなく、左右方向へと伸びています。ここが恐竜類と他の爬虫類の大きなちがいです(ただし、例外もあります)。

恐竜類は、腰の骨である「骨盤」の形で2タイプに分けられます。一つがトカゲのものに似た骨盤をもつ竜盤類、もう一つが鳥のものに似た骨盤をもつ鳥盤類です（ただし、そうした骨盤をもっていても、鳥類は鳥盤類ではなく竜盤類に属します）。そして、竜盤類、鳥盤類の中にたくさんのグループが含まれていきます。2015年に発表された研究によると、恐竜類の総種数は約2000とされています。

恐竜たちのいた中生代って、どんな時代？

中生代は今から約2億5200万年前にはじまり、約6600万年前に終わりました。中生代は、三つの「紀」に分けることができます。約2億5200万年前～約2億100万年前の「三畳紀」、約2億100万年前～約1億4500万年前の「ジュラ紀」、約1億4500万年前～約6600万年前の「白亜紀」です。

三畳紀がはじまったとき、地球上のすべての大陸は1か所に集まって地続きとなり、超大陸をつくっていました。この超大陸は「パンゲア」と呼ばれています。

そして、三畳紀の終わりが近づくとともにパンゲアの分裂がはじまりました。

はじめに、北アメリカ、南アメリカ、アフリカの各大陸が分かれました。その後、北アメリカが南アメリカ、アフリカと離れ、大西洋が生まれました。その後も、ジュラ紀、白亜紀と、大陸の分裂は続きました。

白亜紀になると、かなり現在の大陸配置に近くなります。しかし、インドは南半球にあり、オーストラリアと南極大陸が地続きになっているなど、現在の地球における大陸の配置とのちがいもありました。

中生代は約1億8600万年続きましたが、その42パーセントにあたる約7900万年間は白亜紀です。三畳紀、ジュラ紀とくらべると白亜紀はかなり長い時

大陸の変化

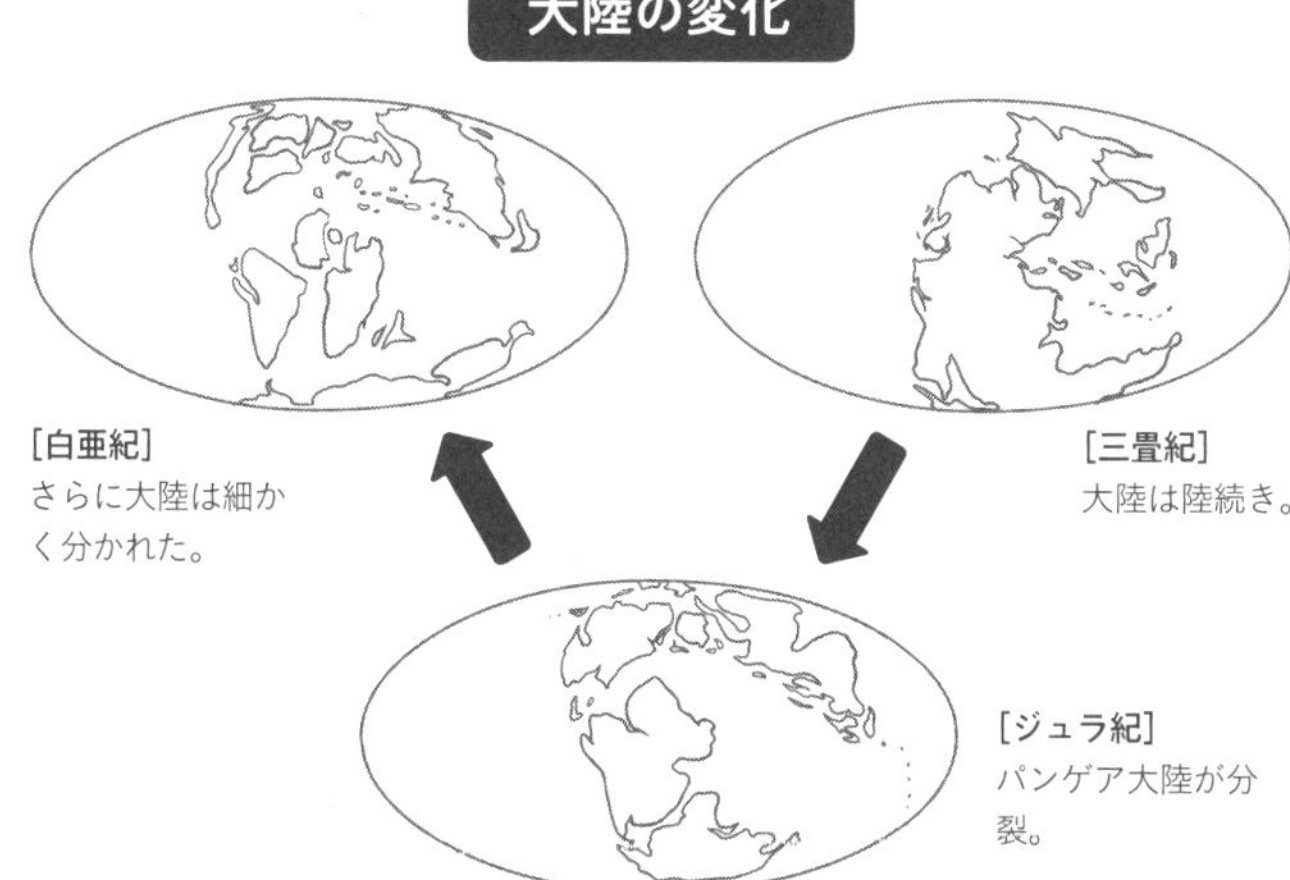

代です。

白亜紀は、約6億年前から現在に至るまでの間で最も暖かい時代でした。白亜紀を通じて地球上のどこにも氷河はなく、気候は極めて温暖でした。また、海水準も高く、各大陸の広い地域が水没していたことがわかっています。

爬虫類が繁栄し、鳥類と哺乳類が登場した中生代

中生代は爬虫類（はちゅうるい）の時代。

そういわれることがあります。

中生代には陸上の恐竜類はもちろん、空には翼竜類、海には魚竜類、クビナガリュウ類、モササウルス類などが登場しました。

ワニ類やカメ類、ヘビ類が登場したのも中生代です。とくにワニ類の祖先を含むグループは三畳紀に大繁栄し、一時期は初期の恐竜類よりも栄えていたとみられています。

ここで挙げたグループはいずれも爬虫類です。「爬虫類の時代」と呼ばれるのも納得です。

さらに、鳥類は恐竜類の一グループとして登場し、翼竜類とともに中生代の空で存在感をみせることになります。

哺乳類が登場したタイミングも三畳紀です。私たちの遠い祖先は、「単弓類」と呼ばれる大きなグループの構成員の一つとして登場しました。

他にも、海ではアンモナイト類やベレムナイト類といった頭足類が繁栄した時代でもあります。

「爬虫類の時代」であっても、多くの動物群が登場し、栄えていました。

植物に注目すれば、中生代は被子植物が登場した時

代でもあります。とくに白亜紀ともなれば、現在とそう変わらない花が咲きほこっていたとみられています。この本では、そんな中生代に注目しています。

恐竜や古生物を研究する学問って、どんな学問？

恐竜の研究は日進月歩。日々情報が更新されています。

そもそも恐竜の姿やくらし、生きていた環境、進化や絶滅の理由などは、科学的な研究によって次々と明らかにされています。

恐竜を研究している研究者の多くは科学者でもあります。大学や博物館に所属している人がほとんどです。大学の研究者の多くは、理系の学部に所属しています。理学部であったり、工学部または環境科学部であったりします。

多くの場合、恐竜は「古生物学」の中の、一つのテーマとして研究されています。古生物学とは地質時代に生きていた生物（古生物）を研究する学問です。主に化石を研究対象とします。人類の文明など、歴史時代について遺跡や遺物を使って研究していく考古学とは別の学問なのでご注意を。

古生物学に縁の深い学問には、生物学や地質学があります。生物としての恐竜を研究する場合には、現在の生物に関する知識が必要です。また、化石をみつけて、化石がどのようにできたのか、恐竜はどんな環境で生きていたのか、などを調べるためには地質学が必要になります。地質学は、より大きな学問として地学（地球科学）に分類されます。地学には他にも地震学や火山学、鉱物学などがあります。古生物学も地学に分類される学問です。

近年の恐竜研究は、こうした基礎科学に加え、コンピューターの技術を使った研究もかなり増えています。

この本に限らず、みなさんが日々目にする恐竜像は、

たくさんの学問の知識と技術が用いられて解き明かされてきたものなのです。

研究結果がガラリと変わるワケ

この本では、いわゆる「大人の世代」のみなさんが子どものころにみた恐竜などの古生物情報と、最近の恐竜本や古生物本に掲載されている情報をまとめています。数十年の間でこれほどまでに情報が変化したのはなぜでしょうか？

いくつもの理由があります。一つには、恐竜に限らず古生物学は、「化石」を手がかりに研究するということが挙げられます。新たな化石が発見されれば、それだけ手がかりが増えることになり、情報が更新されるのです。

また、化石の発見だけではなく、コンピューター技術の発達や、遺伝子解析などを使った現生生物に関する知識の更新なども反映されます。

古生物学は科学の一つ。科学は停滞しません。日進月歩の勢いで進むその結果が、反映されているのです。その意味では情報が変化するのは当然ともいえます。

Before

Chapter

1

姿が変わった恐竜

昔と今の姿をくらべてみました。

「昔見たことある！」

「今はこうなんだ！」

そんな発見があるかも。

この章で紹介する恐竜たち

この章では、1970年代から現在に至るまでに、研究の進展によって情報が更新された代表的な恐竜を紹介します。

多くの恐竜が情報の更新によって、姿を変えました。

〝大人世代〟のみなさんは、ぜひ、かつて自分が読んだ恐竜図鑑を思い起こし、その変化を楽しんでください。

〝子ども世代〟のみなさんは、かつて大人たちの心を揺るがした恐竜像に思いを馳せていただければと思います。

もしも親子で本書を手にとっていただいているのであれば、ぜひ、〝お互いの恐竜像〟について話を膨らませていただければと思います。

恐竜の姿やくらしに関しての議論は、19世紀から連綿と続けられてきています。他の科学分野と同様に、近年の科学技術の進歩、とくにインターネットの普及にともなって、恐竜に関する研究も加速度的に進むようになりました。

その結果の一つが、姿の変更としても現れているのです。

脚のつき方、どっちでショー。トリケラトプス

「トリケラトプス（*Triceratops*）」は全長8メートルにもなる植物食恐竜です。両眼の上と鼻先にある3本のツノ、そして後頭部の発達した大きなフリルがトレードマークです。

さて、トリケラトプスは有名な恐竜ですが、実は「前脚のつき方」がよくわかっていなかったことはあまり知られていません。前脚のつき方については大きく二つの仮説があったのです。

一つは、哺乳類のように前脚を地面についていたと

ワニのような前脚。

哺乳類のような前脚。

する仮説です。

もしもあなたの家でイヌやネコを飼っているようでしたら、その前脚がどのように接地しているのかを確認してみましょう。指が前を向いていると思います。

では、あなたも同じように指を前に向けて地面に手をついてみてください。

このとき、実はあなたの前腕（腕の肘から手首までの部分）がひねられていることに気づいたでしょうか？

ヒトの手は、直立した状態でだらんと自然に垂らしていると、甲が外側を向き、親指が前を向きます。そのため先ほどのように、指を前に向けて手をつく場合、前腕をひねる必要があるのです。

トリケラトプスの場合、この「前腕をひねる」ことができる骨のつくりではありませんでした。そのため、強引に指を前に向けて前脚をつかせようとすると、肘が脱臼してしまうのです。その脱臼を〝無視〟した仮説が一つ。

そして、もう一つは、脱臼させないように、肘が大きく横に張り出していたという仮説です。ワニのように肘をはれば、前脚の指先は自然に前を向きます。

実はトリケラトプスのものとみられる足跡化石がみつかっています。しかし、この化石からわかる歩き方は、肘を大きく横に張り出した場合の歩き方と一致しなかったのです。

小さく前へならえ！

長年にわたって悩ましかったトリケラトプスの前脚。その答えになるかもしれない仮説が発表されたのは2009年のことです。

日本の国立科学博物館には、世界有数のトリケラトプスの化石が展示されており、その詳しい調査が行われました。その結果、そもそも「指先を前に向け

After

「指先は横向きに」

小さく前ならえをした状態で、前脚をついていた。

る」という考えが誤っていた可能性が指摘されました。前脚の甲はほとんど前を向かず、指は外側を向いたまま接地していたというのです。

いわば、〝小中学校で整列するときに行われる「小さく前へならえ」のポーズ〟のまま、前脚の指をついていたと考えられています。国立科学博物館地球館の地下2階に展示されている全身復元骨格は、この最新の仮説にもとづいて組み立てられた世界でも珍しいものとなっています。

この仮説を提唱したのは、現在、名古屋大学博物館に勤務する藤原慎一博士。彼の名前にちなみ、この復元を「藤原復元」と呼ぶことがあります。近年では、トリケラトプスの復元画を描くとき、藤原復元を参考にすることが多くなっています。

“最初の恐竜”の一つイグアノドン

1820年代から1830年代にかけて、それまでに知られていない大型爬虫類の化石が3種報告されました。「恐竜類」というグループは、この3種にもとづいて、1842年に創設されたものです。

3種の中でおそらく最も知名度が高いのは「イグアノドン(*Iguanodon*)」でしょう。かつて、この恐竜は、鼻先に1本の短いツノをもつ姿で復元されていました。

そもそも、イグアノドンの化石は1820年代初頭に発見されました。そのときにみつかったのは歯の化石です。その

形が現在のイグアナの歯に近かったことから、「イグアナの歯」を意味する「Iguanodon」という名前がつけられたのです。

1825年にイグアノドンに関する最初の研究が発表され、全長18メートル以上の爬虫類と推定されました。ただし、この段階ではその姿が具体的にどのようなものだったのかは、示されませんでした。

1834年になって追加の化石が発見され、鼻先にツノをもつ姿が復元されるようになりました。そして、その研究をもとにイグアノドンの模型がつくられ、1850年代にイギリスのロンドンに建設されたクリスタルパレスで展示されたのです。

〝怪獣〟から「恐竜」へ

イグアノドンの初期の復元は、いろいろと手探りでした。鼻先にツノをもっている点の他にも、本当は骨盤であるはずの骨が鎖骨とされているなどの誤りがありました。

イグアノドンに関する研究が大きく進んだのは、1870年代になってからです。1878年にベルギーのベルニサールにある炭鉱から、30体以上ものイグアノドンの化石が発見されたのです。それらの化石はすばらしい保存状態で、イグアノドンの姿を正しく復元するためには十分な情報がありました。

これらのイグアノドンの化石が詳しく研究されたことで、イグアノドンは怪獣じみた復元から大きく修正されることになりました。鼻先のツノとされていた骨は、実はイグアノドンを特徴づける親指の骨であったことが明らかになりました。全長も8メートル前後に落ち着きます。

1950年代になると、前脚が後脚よりも短いことが注目され、トカゲのような四足歩行ではなく、後脚だけを地面についた二足歩行だったのではないか、と指摘されるようになります。

その後、長い間、イグアノドンは二足歩行性の植物食恐竜としての姿が定着していました。ゴジラのようにのしのしと歩き、前脚は背丈の高い樹木の枝を手繰り寄せる際に使われていたのではないか、と考えられていました。1973年刊行の『恐竜博物館』（光文社）や、1976年の『大むかしの生物』（小学館）などの70年代の書籍だけではなく、1992年の『きょうりゅうとおおむかしのいきもの』（フレーベル館）でも二足歩行をしている姿が描かれています。

もっとも、「ゴジラのような二足歩行」は、イグアノドンに限った話ではありません。明らかに四足歩行性とわかる恐竜たちをのぞき、多くの恐竜類は〝二足歩行でのしのしと歩く姿〟で描かれることが一般的でした。

その後、31ページで紹介する恐竜ルネサンスによって、多くの恐竜は「ゴジラの

尾を地面につけて上体を起こし、二足歩行をするゴジラ立ちに。

ような二足歩行」で描かれることが少なくなりました。尾をピンと後ろへ水平に伸ばし、からだを前に倒して歩く姿が復元の主流になっていきます。

イグアノドンの復元も、こうした例から漏れませんでした。そして、イグアノドンやその近縁種は手首が頑丈だったことなども明らかになり、手をついて歩いても、手で十分に体重を支えることができたと考えられるようになったのです。

現在では、イグアノドンは四足歩行の復元が主流です。ただし、二足歩行が否定されたわけではなく、急いでいるときは二足歩行だったのかもしれない、ともいわれています。もっとも、この場合の二足歩行は、あくまでも前傾姿勢のままで、ということです。

「二足と四足の使い分け」

前のめりの姿勢に。急いでいるときは、二足歩行だったかも!?

親指は何のため？

すべての恐竜類の中で、イグアノドンは最も長い研究史をもつ種の一つですが、それでも謎は残っています。たとえば、前脚の親指です。かつて、初期の復元で鼻先のツノとして扱われた円錐形の鋭い骨です。

2010年に刊行された『ホルツ博士の最新恐竜事典』（朝倉書店：原著は2007年刊行）では、次のように書かれています。

「これがどのように使われたのかはわかっていない。襲撃者に対する防御に使われたのかもしれないが、捕食者が親指で刺されるぐらい近づいたとすると、その鳥脚類（土屋注：鳥脚類とはイグアノドンが属するグループのこと）にかみつけるぐらいに近づいていたことにもなる！　雄鶏が他の雄鶏に対して蹴爪を使うように、親指は同種の他の個体との争いで使われたのだろうか？　あるいは、内部にあるおいしいものを得るために、種子や植物をこじあけるために使われたのかもしれない」

デイノニクスと恐竜ルネサンスのはじまり

研究の進展によって、特定の種の復元が変わることもあれば、一つの新種の発見によって、分類群全体への解釈が大きな影響を受けることもあります。

のちに恐竜類というグループ全体のイメージを大きく変えることになったその恐竜の名前を、「デイノニクス（*Deinonychus*）」といいます。

デイノニクスは全長3・3メートルほどの小型の肉食恐竜です。口には鋭い歯が並び、脚には大きなかぎ爪（づめ）をもっていました。映画『ジュラシック・パーク』

シリーズ、『ジュラシック・ワールド』シリーズに登場する「ラプトル」のモデルとしてよく知られています。

デイノニクスは、アメリカの古生物学者ジョン・H・オストロムさんによって1969年に名付けられた恐竜です。

このときまで、恐竜といえば、「巨大」で「鈍重」、「知能もあまり高くない」という認識が一般的でした。19世紀に、恐竜類というグループを人類が科学的に認識するようになって以降、100年以上も定着していた恐竜のイメージが、デイノニクスの発見で覆ることになったのです。

理由は簡単です。デイノニクスのスマートな姿は、どうみても「鈍重で知能があまり高くない」ようにはみえないからです。

この研究結果は、次第に書籍の世界にも浸透していきます。1973年刊行の『恐竜博物館』（光文社）や1976年の『大むかしの生物』（小学館）、1985年の『大むかしの生物』（学習研究社）には、デイノニクスの記述はみられませんが、

１９９０年刊行の『学研の図鑑　恐竜』（学習研究社）では、４ページにわたってデイノニクスが紹介され、「実は、この化石発見が恐竜という動物の見かたを大きく変えることになったのだ」としています。

恐竜ルネサンスのはじまり

デイノニクスの発見とその研究は、他の恐竜たちの復元にも大きな影響をあたえることになります。事実、「ティラノサウルス（*Tyrannosaurus*）」などが前傾姿勢をとり、よりアグレッシブな姿で描かれるようになったのは、このころからです。

１９７０年代にはじまる、恐竜像の見直しは、「恐竜ルネサンス」と呼ばれています。

当時はまだインターネットが普及していませんでした。そのため、１９７０年代からの恐竜ルネサンスが一般に浸透してくるには、10年〜20年の歳月が必要でした。少しずつ、一般向けの書籍で扱われるようになり、そして、その集大成ともいえるのが1993年に公開された映画『ジュラシック・パーク』だったわけです。この映画以降、活発に動く恐竜のイメージは広く定着することになります。

ジュラシック・パークのワンシーン。

長い首がシュノーケル⁉ ブラキオサウルス

小さい頭、長い首と長い尾、柱のように太い四肢をもつ恐竜グループ、竜脚類。その中で、かつて「水中暮らしをしていた」と考えられていた種類がいました。

それが、「ブラキオサウルス（*Brachiosaurus*）」です。全長20メートル超の巨大な恐竜です。

ブラキオサウルスは頭骨の頭頂部に鼻孔があります。このことが、〝ブラキオサウルスは水中暮らし〟の根拠の一つになっていました。

もともと巨大な竜脚類は、その体重が数十トンにな

ると見積もられています。研究初期ほど、その値を大きく見積もることが多く、ブラキオサウルスに関しては、70トンを超えるという試算もありました。

そんな巨体を地上で支えられるとはとても考えられませんでした。そこで、深い湖などにからだを沈め、その浮力で巨体を支えていたとみられていたのです。

ただし、完全に水中に沈んでしまうと、呼吸ができません。そこで、長い首を垂直に上げて水面から出していたと考えられました。ブラキオサウルスの頭頂部にある鼻孔は、私たちが泳ぐときに使うシュノーケルのような役割を果たしていたのではないか、とされたのです。実際、1973年刊行の『恐竜博物館』（光文社）で、この見方が紹介されています。

いろいろと無理のある仮説だった

〝ブラキオサウルスは水中暮らし〟という仮説は、1980年代以降に一般書でも否定されることが多くなっていきます。この経緯は、

ブラキオサウルス

さまざまな書籍で紹介されていたので、ある世代以上の恐竜ファンには、子どものころにその話を読んだことがある、という人もいるでしょう。

たとえば、1990年に刊行された『学研の図鑑　恐竜』（学習研究社）では、「陸上生活に適した体つき」と題した2ページが用意され、次のように書かれています。

「ところが、ブラキオサウルスの骨を調べて見ると、この動物が陸上の乾そうしたところにすむのに都合のよい体つきをしていることがわかった。そしてまた、ブラキオサウルスが水中に生活していたら、水圧で肺がおしつぶされ、呼吸ができなかっただろうということも明らかになった」

After

「陸上暮らしに」

水圧で肺がつぶれるので、
水面から首だけ出すことは
できないことがわかった。

実際のところ、竜脚類の四肢の骨は緻密でがっしりとしており、また、彼らの体重も、従来想定されていたよりも軽かったことが明らかになりました。たとえば、ブラキオサウルスの体重は、現在では35トンほどという見方があります。これは、従来想定されていたブラキオサウルスの2分の1ほどです。浮力のない地上でも問題なく歩くことができたようです。

さらに、竜脚類が首を垂直に上げることができたかどうかについても、疑問が出されています。コンピューターによる解析が進んだ結果、彼らの首は背骨の延長線よりも高くもち上げることができなかったことが指摘されているのです。

生体的な側面からみても、首を垂直に上げる姿勢は疑問視されています。たとえば、ブラキオサウルスが首を垂直に上げると、その頭は心臓から8メートルも上になります。その復元に対して「果たしてその高さまで血液を送ることができたのだろうか」という疑問が出たのです。高い位置に血液を送るためには、高い血圧が必要となります。そのためには、力強い心臓が必要です。

そんな強力な心臓が存在し得るのだろうか、というわけです。

もっとも、「首を垂直に上げた復元」は完全に否定されているわけではありません。角度についてはあくまでもコンピューターによる解析で、実際には想定よりも柔軟だった可能性はあります。血圧についても、400キログラム以上の心筋をもつ心臓があればそれが可能であるといいます。

……で、鼻の位置は？

〝ブラキオサウルスは水中暮らし〟の否定は、1990年代には当然のことになりました。

その一方で〝放置されていた問題〟もあります。それは鼻孔の位置です。

ブラキオサウルスの頭骨をみると、鼻孔はたしかに頭頂部にあるのです。水中暮らしをしながらシュノーケルのように使うという仮説が否定されても、鼻孔の位置は純然たる事実として残ります。

なぜ、ブラキオサウルスの鼻孔は頭頂部にあるのでしょうか？

この疑問に対する回答が出たのは、2001年のことです。このとき発表された研究では、骨の表面に残る軟組織の痕跡などが分析されました。そして、〝肉がついた状態〟では、鼻の孔は口先の上にあったことが指摘されたのです。つまり、他の動物と変わらない顔のつくりだったことが明らかになりました。

こうして現在では、ブラキオサウルスは陸上で暮らし、鼻は口先の上にあるという姿が一般的なものとなっています。

ところで、本項で扱ってきた「ブラキオサウルス」という恐竜。実は、その名前をめぐってややこしいことになっています。このことについては、96ページで詳しく紹介しますので、頭の片隅にでもチラッと置いておいてください。

オヴィラプトルは卵泥棒？

「卵泥棒」という意味の学名をつけられた恐竜がいます。

「オヴィラプトル（*Oviraptor*）」です。全長1・6メートルほどの恐竜で、すべての肉食恐竜が属するグループ（獣脚類）に分類されています。前後に寸詰まりの頭部が特徴です。

オヴィラプトルは、獣脚類に属していますが、頭部が全体的に華奢で、しかも口には歯がありません。つまり、自分で獲物を狩って、その肉を切り裂いたり、

骨を砕いたりすることには向いていないのです。

そこで、研究者が目をつけたのが「卵」でした。

1924年に報告されたその化石は、植物食恐竜（角竜類）の巣の化石のすぐそばでみつかっていました。

頭部がいかに華奢であっても、卵の殻を割ることはできます。そして、卵の栄養価は抜群です。

そのため、オヴィラプトルは卵を盗みにやってきて、何らかの原因でその場で死んで化石になったと考えられたのです。

この「オヴィラプトル＝卵泥棒説」はよく知られたもので、一般書でもごく普通に取り上げられてきました。たとえば、1982年に刊行された『まんが恐竜図鑑事典』（学習研究社）では、卵をくわえて逃げるオヴィラプトルの絵が描かれており、まさしく「卵泥棒」として紹介されています。また、1991年に刊行された『講談社パノラマ図鑑　きょうりゅう』（講談社）では、他の恐竜の卵を割って、その中身をすすっている姿が描かれ、1993年刊行の『恐竜なんでも事典』（集英社）でも「オビラプトルという名前は　卵どろぼうという意味で　卵を食べていたらしい」と紹介しています。

濡れ衣だった

オヴィラプトルは卵泥棒。

これがとんだ濡れ衣だったことが明らかになったのは、1990年代です。

オヴィラプトルの近縁種の化石が〝卵を抱いた姿勢〟でみつかりました。脚をたたみ、腕を広げ、その間に自分の卵を配置……。まさしく現在の鳥類が行う「抱卵」の姿勢です。

これによって、オヴィラプトルも抱卵をしていた可能性が高まりました。そして、オヴィラプトルそのものでも、同じ姿勢の標本がみつかり、さらには当初、植物食恐竜の巣とみられていたのは、オヴィラプトル自身の巣であることがわかったのです。

つまり、「卵を盗みにやってきて、何らかの原因でその場で死んだ化石」は、実は「自分の卵を守って死んだ化石」だった可能性が高くなったのでした。

もっとも、１９２４年に「オヴィラプトル」という学名をつけた研究者は、えん罪となる可能性をすでに指摘していました。その論文には次のようにはっきりと書かれています。

「The generic and specific name of this animal, (中略), may entirely mislead us to its feeding habits and belie its character （この種名は、その食事の習性や特徴について、全体的に誤解をあたえるかもしれない)」

After

「卵泥棒はえん罪」

卵を抱いて温めていたことがわかった。

また、この論文では、オヴィラプトルが本当に卵泥棒だったかどうかについては、実は一切触れられていません。

ある意味で確信犯的な命名で、その学名につられるように、人々はこの恐竜が卵泥棒であると考えてしまったわけです。そしてその〝濡れ衣〟が70年近くも続いたのでした。

ちなみに、一度命名した学名は、命名者でも、変更できません。そのため、新知見が発見された今でも、この恐竜には不名誉な名前がついたままとなっています。

えん罪だったことはその後、急速に一般へ知られていきます。1995年に刊行された『恐竜のなぞ②』(講談社)では、〝新たなオヴィラプトル像〟として、抱卵をするオヴィラプトルが描かれています。

何を食べていたのか？

〝卵泥棒〟はえん罪でしたが、オヴィラプトルが本当に卵を食べていなかったかどうかは、解明されていません。そもそも、先にも書きましたが、卵は栄養価が高く、オヴィラプトルに限らず、すべての恐竜にとって、良い栄養源であることには変わりないのです。

オヴィラプトルは、頭骨こそ華奢ですが、口の奥に杭のようなつくりの骨がありす。この〝杭〟を使えば、卵の殻を効率的に割ることができたという指摘がありま。また、同様にこの杭を使うことで、貝類の殻を砕き、中身を食べていたのではないか、とも指摘されています。

一方、オヴィラプトルの近縁種の化石には「胃石」が確認されています。胃石とは、文字通り「胃の中に飲み込まれていた石」です。これは、飲み込んだ植物をすりつぶす際に使われるものです。つまりこの恐竜は、植物も食べていた可能性があるのです。

20世紀最大の謎の「長い腕」デイノケイルス

1965年のことです。

ポーランドとモンゴルの研究者からなる国際古生物調査隊は、モンゴルのネメグト盆地に分布する白亜紀の地層から、ある化石をみつけました。

それは、長い腕と、肋骨（ろっこつ）などのいくつかの部分化石。腕の化石は、肩の骨から指先まで。その長さは実に2・4メートルに達しました。日本の一般的な一戸建住宅で、2階の窓から手を伸ばし、地上にいる人と余裕で握手ができるという長さです。

指先には、3本の大きなかぎ爪がありましたが、その爪は腕の長さの割には短く、そして、カーブが緩いという特徴がありました。

研究者たちは、この腕は恐竜……しかも、獣脚類（すべての肉食恐竜と一部の植物食恐竜や雑食恐竜が属するグループ）のものに違いない、と考えました。これほどの長さをもつ腕は、白亜紀の生物としては恐竜のものとしか考えられず、かぎ爪をはじめとする特徴は、まさに獣脚類のものだったからです。

しかし、ここで大きな問題が生じます。

長い腕をもつ獣脚類とわかっても、全身の姿を特定するために十分な量の追加の化石がみつからなかったのです。

1970年、研究者たちは全身像不明のまま、この化石に学名をつけました。その名を「デイノケイルス・ミーリフィクス（*Deinocheirus mirificus*）」といいます。「Deinocheirus」は「恐ろしい手」、「mirificus」は「驚くべき」という意味です。この化石にふさわしい学名といえるでしょう。

結局、20世紀の間に、デイノケイルスの正体を明らかにする化石はみつかりませんでした。そのため、この恐竜は次第に「20世紀最大の謎」と呼ばれるようになっていったのです。

超大型のダチョウ型恐竜？

1980年代ころから、デイノケイルスはオルニトミモサウルス類というグループの恐竜ではないか、という見方が有力になってきました。腕の骨しかみつかっていなくても、その特徴から分類を推測することができたためです。

オルニトミモサウルス類というグループの恐竜たちは「ダチョウ型恐竜」とも呼ばれています。「オルニトミムス（*Ornithomimus*）」に代表され、その俗称の通り、現生のダチョウとよく似た姿をしています。

ただし、大きな問題がありました。知られているどのオルニトミモサウルス類の恐竜と比較してみても、デイノケイルスの腕の化石は大きすぎるのです。

オルニトミモサウルス類の多くは、全長5メートルに満たない小型種です。グループの大型種といわれる「ガリミムス（*Gallimimus*）」でさえ、全長は6メートルほどです。そんなガリミムスでさえも、腕の長さは1・3メートル前後しかありません。デイノケイルスの腕より1メートル以上も短いのです。

それでも、分類の予測ができれば、復元もできるようになります。もとより、恐竜類に限らず、古生物全般において、部分化石から全身を復元するということは、ごく一般的に行われているのです。そして、その際には、近縁種が参考にされます。

デイノケイルスも「大型のダチョウ型恐竜」として復元されるようになりました。たとえば、1990年

大型のダチョウ型恐竜として復元された。

に刊行された『学研の図鑑　恐竜』（学習研究社）や、1992年刊行の『ふしぎがわかるしぜん図鑑　きょうりゅうとおおむかしのいきもの』（フレーベル館）では、長い腕をもつオルニトミモサウルス類としての姿が描かれています。

一方、1993年に刊行された『恐竜なんでも事典』（集英社）のように、あえて復元画は載せず、謎は謎として扱っている例もありました。

誰もが予想していない姿だった……

新たな化石が発見され、デイノケイルスの姿が明らかになったのは、2014年のことです。

それは、「オルニトミモサウルス類」の常識から外れた恐竜でした。

オルニトミモサウルス類であることはたしかなのですが、背中には魚食恐竜のスピノサウルス（*Spinosaurus*：53ページ参照）がもつような「帆」があり、後脚の骨はハドロサウルス類（たとえば、77ページのパラサウロロフス）という植物食恐竜のものとよく似ていました。背骨の内部構造は巨大恐竜が多く属する竜脚類のものとよく似ていて、頭部は前後に長い独特の顔つきです。全長は11メートルと推測されました。

1990年代の書籍が示唆しているように、通常「○○類」といわれれば、近縁種からその姿を想像し、そして、実際に発見される化石も、その想像の範囲内にあることが多くあります。

しかし、デイノケイルスはその想像を大きく超えたキメラのような恐竜だったのです。

After

「さまざまな恐竜をかけあわせたような姿」

ハドロサウルス類のような脚に、スピノサウルスのような帆、獣脚類のような腕をもっていた。

戦火が生んだ悲劇！ スピノサウルスの謎

背中に大きな帆をもつ恐竜として有名な「スピノサウルス（*Spinosaurus*）」。

しかし、実は、スピノサウルスはその全身像がよくわかっておらず、研究者によっても復元について意見がわかれる恐竜なのです。

そもそも、この恐竜の〝最も良い化石標本〟が残されていないことが議論の原因です。

スピノサウルスの化石が初めてみつかったのは、1912年のこと。エジプトで発見され、ドイツの古生物学者のエル

ンスト・シュトローマー博士によって１９１５年に発表されました。そして、ドイツ南部の中核都市であるミュンヘンの博物館に保管されていたのです。

　１９３９年、第二次世界大戦が勃発し、ドイツは戦争に。

　そして、１９４４年４月24日夜。イギリス空軍はミュンヘンを空爆。その結果、スピノサウルスの標本は、博物館ごと灰燼（かいじん）に帰してしまったのです。残されたのは、１９１５年の論文と数枚の写真だけでした。

　戦後、エジプトだけではなく、北アフリカで再調査がなされ、スピノサウルスの追加標本がいくつか発見されました。しかし、１９１２年に発見され、１９１５年に報告された化石以上に、この恐竜の特徴を表した化石はみつかっていません。化石の研究には、実物化石はとても重要なのですが、スピノサウルスにおいてはそれが十分ではないのです。

　そのため、スピノサウルスの姿は、１９１５年に発表された論文をもとにして、いくつかの追加標本を参考にしながら復元されてきました。オリジナルの標本が失われていたこともあり、全身復元骨格が初めてつくられたのは、2009年のことです。その姿は、従来の図鑑などでみるものとよく似たものでした。からだを水平に倒し、二足歩行をする姿で復元されたのです。

超異例。「四足歩行」で「水中生活」

事態が大きく動いたのは、2014年です。

この年、スピノサウルスの新たな復元が発表されました。

それは、帆が大きいという特徴は変わらないものの、後脚が極端に短く、骨盤が小さいという姿でした。この後脚と骨盤では、後脚だけで全身の重量を支えることは不可能です。重心は従来の復元よりも前に寄ることになります。

その結果、スピノサウルスは肉食恐竜（正確には、すべての肉食恐竜が属する「獣脚類」というグループ）ではかなり珍しい四足歩行の恐竜として復元されたのです。

四肢の骨が緻密で重いことも指摘されました。また、後脚の指は幅広であり、指の間にはおそらく水かきがあったと推定されました。

　こうした諸々の分析結果から、この恐竜は水中生活を主軸としていたのではないか、と指摘されました。もっとも「水中」生活とはいっても、魚のように一日中潜っているのではなく、どちらかといえば、現生のワニ類のように水中に半身を沈めながらの半陸半水の生活がイメージされたのです。

　この研究結果は、世界的によく知られた学術誌である『サイエンス』で発表され、また同時に、『ナショナル ジオグラフィック』でも特集が組まれました。そして、発表からわずか2年後、東京で開催された『恐竜博2016』で、日本でもその全身復元骨格が披露されたのです。

After

「水中で生活」

後脚が短くなり、指の間に水かきがある復元に。

しかし……泳ぎは苦手？

2014年に発表された研究は、実は新たに特別重要な化石が発見された、というわけではありません。

それにもかかわらず、従来から大きくイメージの変わる復元がなされた背景には、コンピューターによる分析が投入されたことがあります。このとき、1915年のシュトローマー博士の論文や、戦後に各地で発見された部分化石、そして近縁種のデータなどをコンピューター上で組みあわせたのです。それは、古生物学の新たな展開を予想させる研究でした。

ただし、2018年になって、この復元に「?」がつけられました。

新たな分析で、スピノサウルスが獲物を追って水中を潜るには浮力がありすぎることが指摘され、水中で姿勢を保ち続けることも難しいことがわかったのです。この研究では、スピノサウルスは浅瀬かあるいは水辺にすんでいた可能性は高いものの、基本的には陸棲動物だったとされました。

この研究結果は、『ナショナル ジオグラフィック』のオンライン版でもニュースになりました。その記事のタイトルは「最凶の〝半水生〟魚食恐竜、実は泳ぎがへタだった」というものです。この記事では、複数の研究者に取材して、そのコメントを掲載しています。その中に、２０１４年の論文を発表した研究者の意見として、次のように書かれています。

「真実はつまるところ、コンピューターの中ではなく、骨の中にあるのですから」

スピノサウルスに関しては、今後の発見と研究によって、まだまだ姿が変わる可能性があるのかもしれません。

板の配置さえわからなかったステゴサウルス

「ステゴサウルス（*Stegosaurus*）」は全長6・5メートル。背中に並ぶひし形の骨板がトレードマークの植物食恐竜です。尾の先には二対の鋭いトゲがありました。そんなステゴサウルスですが、かつては「鈍重な恐竜」の代表のように扱われ、議論百出の恐竜でした。実は今のイメージが固まってきたのは、21世紀になってからなのです。

そもそもこの恐竜の復元像が最初に発表されたのは、1891年のことでした。そのとき、背の骨板は背中

に1列に並び、尾には4対8本のトゲが垂直に立っているものとして復元されました。背の骨板はともかくとしても、当初はトゲの本数も本来より2対4本も多かったのです。

その後、研究の進展によってそのイメージは変化していきました。

1973年に刊行された『恐竜博物館』(光文社)では、脳が小さい鈍重な恐竜として描写され、腰のあたりに神経の大きなかたまりがあるとされました。また、背の骨板は交互に2列に配置され、おそらく防御用であったがあまり役に立たなかったとされました。このとき、尾のトゲの威力は弱いと想定されています。なお、このころには、尾のトゲの本数は2対4本と現在と変わらないものになっています。

1982年刊行の『まんが恐竜図鑑事典』(学習研究社)では、背の骨板の役割として、時に倒して身を守る、垂直に立てておどす、バタバタと鳴らして仲間へ危険信号をおくる、などの説を紹介しています。

また、脳が小さいために、尾の先をかまれてから「痛い」と感じるまでに10秒はかかると描写され、また、全身の動きを補うために、肩と腰に神経のかたまりがあったともされました。

1990年代になると、こうした一般書に「骨板を使って体温を調整する」という記述が登場するようになります。1991年刊行の『講談社パノラマ図鑑　きょうりゅう』(講談社)や、1992年刊行の『きょうりゅうとおおむかしのいきもの』(フレーベル館)などにみられる記述がそれにあたります。ただし、依然としてこの段階では、骨板には防御としての役割があったことにも言及され、また、骨板が背にどのように並んでいたのかがわからないとされています。

1990年代のはじまりまで、骨板の役割についてはよくわからず、そもそも、その並びさえはっきりせず、また腰のあたりにある神経のかたまりの存在の有無など、巷(ちまた)にはいろいろな仮説が入り乱れていたのです。

変わる復元

ステゴサウルスの復元像を大きく変えることになったきっかけは、1992年にアメリカで発見された化石標本でした。この標本は保存状態が良く、多くの情報をもたらすことになったのです。

一つは、骨板の配置です。「一列」「二列平行」「二列交互」と諸説入り乱れていた骨板の配置は、この標本の発見で二列交互であるという可能性が大きくなり

After

「尾はもち上がり、トゲは水平に」

尾は腰の高さになり、トゲの数は2対4本で、向きも変わった。

「骨板の配列が明らかに!」

二列交互の配置で描かれるようになった。

ました。また、尾はほぼ水平にもち上げられ、その先にある2対4本のトゲは、従来考えられていたように垂直に立つのではなく、ほぼ水平に向いていたことが示されました。

そしてこのとき、ステゴサウルスの喉に骨の〝よろい〟があることも明らかにされました。ビー玉サイズの小さな骨片が喉の部分を覆っていたのです。

こうして姿がリニューアルされるとともに、別の研究によって「肩と腰に神経のかたまりがある」ということも誤解であったことが示されました。実は、肩と腰にあったのは、神経のかたまりではなく、脂肪のかたまりだったのです。

骨板の役割は？

骨板の役割については、意外と(?)もろいことが明らかになり、2000年代は、防御用という見方は否定されるようになりました。

一方、表面に細かい溝が多数あることが明らかになり、これは血管の跡であると考えられるようになります。これによって、かねてよりいわれていた「骨板を使って体温を調整する」という説が有力になってきました。骨板を日光に当てれば血管も、つまりそこを流れている血液も温めることができ、骨板を風に当てれば、血液を冷やすことができる、というものです。血液の温度が調整できるということは、体温をコントロールできることにつながります。

2010年と2012年に、この仮説をより強力に支持する研究が相次いで発表されました。骨板の表面にあった細かい溝はやはり血管の跡である可能性が高くなり、表面だけではなく、骨板の内部につながっていたことが示されました。また、尾の先にあるトゲはとても緻密で頑丈であることも指摘されたのです。

現在では、骨板は体温調整用という見方が有力であり、尾のトゲは防御用の武器だったとみられています。

ゴジラからもふもふ!? ティラノサウルス

「ティラノサウルス（*Tyrannosaurus*）」は、もはや説明の必要がないくらい有名な肉食恐竜でしょう。全長12メートルの大型種で、がっしりとした大きな頭部と小さな前脚がトレードマークです。

ティラノサウルスは、1905年に報告・命名された恐竜です。当初、復元されたティラノサウルスの姿は、頭を高く上げ、尾を地面につけた姿でした。「ゴジラのような姿」といわれる姿勢です。

これは当時の「鈍重な爬虫類（はちゅうるい）」というイメージを代

表するもので、ティランノサウルスに限らず、二足歩行の恐竜はみんな同じように復元されていました。

この姿勢は、長期にわたって復元の主流となっていました。たとえば、1982年の『まんが恐竜図鑑事典』(学習研究社)ではまさに「ゴジラのような姿」で描かれています。

頭部を前に倒し、尾を後ろにピンと伸ばして歩行する〝現代型のスタイル〟が普及してくるのは、1980年代後半から1990年代前半です。

1991年に刊行された『講談社パノラマ図鑑　きょうりゅう』(講談社)では、現代型の復元が採用されています。一方で、先ほど紹介した『まんが恐竜図鑑事典』は、1991年にも増刷されています。新旧の復元の〝恐竜本〟が書店に並ぶ、このころが一般認識における過渡期だったことがよくわかります。

姿勢が変化したきっかけは、1970年代から進められた「恐竜ルネサンス」と呼ばれる恐竜像の見直しです。それまで「鈍重な爬虫類」というイメージだった恐竜が、より活動的であるとみなされるようになりました。

そして、1980年代から1990年代になって出版界などにもその変革の波が押し寄せたのでした。

なお、恐竜ルネサンスに関しては、31ページで説明しています。

腐肉しか食べられない？

ティラノサウルスは、自身では狩りをしない腐肉食専門だった。

そんな話が登場したことがあります。一つの例を挙げると、1990年に刊行された『藤子・F・不二雄　恐竜ゼミナール』（小学館）では、自分では狩りをしない腐肉食だったという説を紹介しています。

After 1

「尾を上げて、前のめりに」

恐竜ルネサンス以降は、この“現代的な”スタイルに。

しかし実は、ティランノサウルスが腐肉食専門だったという説は、学説として主流になったことは一度もなく、さまざまな証拠から否定されています。

たとえば、1998年に報告された植物食恐竜「エドモントサウルス（*Edmontosaurus*）」の化石には、ティランノサウルスによるものとされる「かまれた痕跡」がありました。そして、その痕跡は「治癒していた」のです。

治癒したということは、このエドモントサウルスがティランノサウルスに襲われてから一定期間は生きていたということになります。……ということは、ティランノサウルスは生きた獲物を襲ったという証拠なのです。

ティランノサウルスは「もふもふ」？

ティランノサウルスの復元は、この数年で変化を繰り返しました。その過程で、全身を羽毛で覆われた「もふもふの姿」となったこともあります。拙著においても、2015年に刊行された『ティラノサウルスはすごい』（文藝春秋）では、羽毛のないティラノサウルスが表紙を飾りましたが、2016年の『NHKスペシャル　完全解剖ティラノサウルス』（NHK出版）や、2017年の『超肉食恐竜ティラノサウルスの誕生！』（講談社）などでは、羽毛に覆われたティラノサウルスが表紙に描かれています。

もともとティラノサウルスの化石そのものには、「羽毛もしくは羽毛の痕跡」は発見されていません。しかし、1990年代後半から相次いだ羽毛恐竜の発見で、「羽毛のある復元が新しい」とみなされるようになってきました。2004年には、ティラノサウルスと同じグループ（ティラノサウルス類）の小型種に羽毛が確認されています。そうした背景のもと、2011年に国立科学博物館で開催された企画展『恐竜博2011』では、羽毛をまとったテ

「もふもふスタイルに」

大幅なイメージ転換に、とまどいを覚えた恐竜ファンも!?

ィラノサウルスが復元されました。

大きな転機となったのは、2012年に報告されたティラノサウルス類の「ユティランヌス（*Yutyrannus*）」です。全長9メートルの大型種であるこの恐竜に羽毛が確認されたことで、ティラノサウルスも羽毛をもっていた可能性が高まりました。しかし、ユティランヌスは寒冷な地域に生息していたとされ、温暖な地域にいたティラノサウルスに羽毛があったかどうかは議論がありました。

5年ほどかけて〝羽毛をまとったティラノサウルス〟のイメージの普及が進んだところ、2017年に新たな報告がありました。ティラノサウルスの鱗の化石が発見され、ティラノサウルスには羽毛はなく、もしもあったとしても、からだの一部にとどまることが指摘されたのです。

この研究を受けて、今日では羽毛のない（あるいは、部分的にしか存在しない）ティラノサウルスの復元が再び主流となっています。

“ミッシング・リンク”の発見！ 始祖鳥

1861年、ドイツにあるジュラ紀の地層から、一つの新種の化石（ほぼ全身骨格）が発見されたことが報告され、「アルカエオプテリクス（*Archaeopteryx*）」と名付けられました。いわゆる「始祖鳥」です。

始祖鳥の化石には、鳥類であることを示す翼の痕跡がしっかりと残っていました。その一方で、始祖鳥の口には鋭い歯が並んでいました。また、前脚には鋭いかぎ爪があり、尾の骨も長い。こうした特徴は爬虫類のものです。

つまり、鳥類と爬虫類の両方の特徴をもっていたわけです。

そのため、始祖鳥は当初から大きな注目を集めました。

1861年といえば、ヨーロッパでは進化論をめぐる激しい議論が交わされていた時期です。1859年にチャールズ・ダーウィンの『種の起源』が刊行され、生物は進化すると考える人々と、生物は不変であると考える人々がそれぞれ自分たちの正しさを証明しようと議論する〝アツい日々〟が続きました。

そんな中、鳥類と爬虫類の両方の特徴をもつ始祖鳥は、進化の大きな証拠として迎えられました。爬虫類から鳥類が進化する、その〝途中段階〟の動物であるとみられたのです。

通常、ある生物から別の生物へ至るその途中段階の生物は、個体数が少なかったと考えられています。そのため、化石としてみつかる可能性は低く、「ミッシング・リンク」とも呼ばれています。

始祖鳥はまさにミッシング・リンクであるとして注目されたのです。

1970年代になると、学界では〝鳥類の恐竜起源説〟が知られるようになってきます。一方で、始祖鳥のもつ「爬虫類的な特徴」は、より具体的に恐竜のものであるとみられるようになってきました。

こうした動きは、一般書にも反映され、1990年刊行の『学研の図鑑　恐竜』(学習研究社)や、1991年刊行の『講談社パノラマ図鑑　きょうりゅう』(講談社)などでは、鳥類の恐竜起源説の証拠として始祖鳥が紹介されています。

始祖鳥の色は、カラス色？

1861年に発見された当時から、始祖鳥の復元そのものは大きく変わっていません。始祖鳥の化石が良質で、ほぼ全身そろった標本もあり、また羽毛も確認できるなど、復元するための情報が当初からかなりそろっていたためです。

一方で、始祖鳥は化石が良質であるがために、さまざまな研究素材として多くの注目を集め続けることになります。

その一つが「色」です。

色素が化石に残ることは、めったにありません。しかし、始祖鳥の羽根の化石を調べたところ、そこには色をつくる細胞小器官の「メラノソーム」の跡がみつかりました。そして、メラノソームを詳しく分析することで、どのような色がつくられていたのかを推測できるようになったのです。

2012年に発表された研究では、始祖鳥の羽根は黒色だったと指摘されました。そのため、当時、まるでカラスのように真っ黒な始祖鳥の復元画が描かれました。

しかし2013年になると、さらに始祖鳥の化石が詳細に分析され、黒色は羽根の内側部分だけで、羽根

After

「黒い羽根は一部」

羽根の内側だけが黒かったことがわかった。

と羽根が重なりあうような場所は、もっと明るい色だったことが指摘されたのです。

始祖鳥の全身がどのような色だったのかは今なお不明ですが、近年は黒色と白色が使われることが多くなっています。なお、こうした色に関する話題は、147ページでも紹介します。

始祖鳥は飛べたのか

始祖鳥の飛行能力に関しては、長い議論が続いています。それは、一般書にも現れており、たとえば、1990年刊行の『学研の図鑑　恐竜』(学習研究社)では、「地上から舞い上がるぐらいは空を飛ぶことができた。しかし、現在の鳥のように空を自由に飛び回るということはできなかったようだ」とされています。

飛べない、とされる理由の一つは、胸の筋肉です。羽ばたくためには、発達した胸の筋肉が必要です。始祖鳥を含め、ほとんどの場合で筋肉そのものは化石に残されていませんが、骨に筋肉がついていた部分の大きさから筋肉量を推し量ることはできます。始祖鳥の場合、羽ばたくための筋肉がつく「竜骨突起」と呼ばれる骨が未発達でした。すなわち、羽ばたくことができなかったとみられるのです。

しかし、始祖鳥の脳構造に注目した２００４年の研究では、始祖鳥の脳は現生の鳥類と同じくらいの空間認識能力があったことが示されました。つまり、脳自体は「飛ぶことができる脳」だったのです。

さらに、２０１８年に発表された研究では、始祖鳥の腕の骨が思いの外頑丈だったことが指摘されました。腕の骨は「羽ばたくことに耐えられた」というのです。羽ばたく筋肉はなかったのに、羽ばたくことに耐える骨と、空を飛び回ることに適した脳をもっていた。

始祖鳥は、その謎の生態をめぐって、今も多くの研究者が分析を重ねています。

水中忍者と呼ばれたパラサウロロフス

「パラサウロロフス（*Parasaurolophus*）」という恐竜がいました。植物食性で、全長は7・5メートル。「棒状のトサカをもっていた」としてご記憶の方も多いかもしれません。

この恐竜は、かつて「水中忍者」と呼ばれていたことがあります。

1982年刊行の『まんが恐竜図鑑事典』（学習研究社）では、トサカの内部は空洞になっていて、そこに空気を溜めていたと説明されています。そうすること

Before

で、天敵である大型の肉食恐竜が接近したときに、「水中に身を隠すことができた」というわけです。この本では、このトサカが「匂いを嗅ぐため」「鳴き声をよく響かせるため」の器官であるという説も紹介されています。

こうした記述からわかるように、パラサウロロフスのトサカの内部が空洞であることはかねてより知られていました。

しかし、その空洞が何のためのものなのかはよくわかっていなかったのです。

1980年代の半ばをすぎると、一般書には「空気を溜めておくため」という説に代わって、「鼻の役割をしていた」という記述が多くみられるようになります。1985年刊行の『大むかしの生物』(学習研究社)では、まさにそうした記述がみられますし、1992年に刊行された『きょうりゅうとおおむかしのいきもの』(フレーベル館)では、「遠くのにおいを、よくかぎとるために、つかわれました」と書かれています。こうした説明を覚えている、という方も少なくないでしょう。

一方、1990年代から一般書には、「声を響かせるための器官」だったとする記述が増えてきます。1982年の『まんが恐竜図鑑事典』では、そうした説「も」あるという書き方でしたが、1992年の『きょうりゅうとおおむかしのいきもの』では、「鼻の役割をしていた」という説と並列で「声を響かせるための器官」について触れられています。また、1991年刊行の『講談社パノラマ図鑑 きょうりゅう』(講談社)では、「とさかの中は空どうになっていて、声を出したり、においをかぎわけたりするのに役だった」と紹介されています。

音響器官としての役割

1990年代の後半になると、恐竜研究の世界にもコンピューターによる解析が本格的に導入されるようになります。パラサウロロフスのトサカに関しても、CTスキャンとの併用により、生存時の状態を再現できるようになってきました。

その結果、このトサカに空気を送り込むことで、低い音を出すことができたと考えられるようになりました。

低い音は、遠くまで響き渡ります。今日では、パラサウロロフスはトサカを使って独特の音を出すことで、仲間たちとの〝会話〟を行っていたのではないか、という見方が有力です。

近年では、パラサウロロフスの幼体の化石もみつかっており、そのトサカは成体のものよりも短かったこともわかっています。そして、その短いトサカが出す音は、成体のそれよりも高い音だったとのことです。

After

「トサカでコミュニケーション」

トサカに空気を送って音を出し、仲間と意思の疎通を図っていた。

パキケファロサウルスは頭突きできる？

「ゴツーン、ゴツーン。2匹の石頭恐竜パキケファロサウルスが、頭をぶつけあっている。体長4・6mの恐竜どうしが、全体重をかけて、固い頭をぶつけあうのだから、少しはなれていても地ひびきが伝わってくる」（学研の図鑑　恐竜：1990年刊行：学習研究社）

「2頭のおすが、めすをめぐって頭つきであらそう。パキケファロサウルスの頭のほねはとてもあつく、脳に影響を受けることはない」（講談社パノラマ図鑑　きょうりゅう：1991年刊行：講談社）

『カツーン』、かわいたひびきがこだましている。パキケファロサウルスは大きな頭をぶつけあって決闘をつづけ、勝ったほうが群れのリーダーとなるのだ」(恐竜のなぞ②：1995年刊行：講談社)

二足歩行の植物食恐竜、「パキケファロサウルス(*Pachycephalosaurus*)」は、かねてより「戦うシーン」が描かれてきた恐竜の一つです。全長は4・5メートル。一般書の制作者たちは、まるでみてきたかのように、その頭突きシーンを描写してきました。

こうした描写の根拠は、その頭骨にあります。頭頂部が大きく盛り上がり、最も厚い場所では、実に25センチメートルも厚くなっていたのです。一見して、石頭であり、そして頭突きをしそうな姿をしています。

頭部をめぐるいろいろな話題

結論から書いてしまうと、「パキケファロサウルスは頭突きをしていた」という復元は、今日でも否定されたわけではありません。その意味では、この数十年間で「変化はない」といえるかもしれません。

しかし、これまでに、パキケファロサウルスの頭部をめぐってさまざまな研究が発表されてきました。ここではそうした研究をいくつか紹介したいと思います。

まず、「本当に頭突きをしていたのか」という疑問がありました。いくら骨が厚かったからといって、頭突きの衝撃を上手に逃すことができなければ、脳震盪（のうしんとう）などの危険があったのではないか、というものです。

２００４年にパキケファロサウルスとその近縁種の幼体、亜成体、成体の頭骨を分析した研究が発表されました。この研究によると、若いときほど頭骨の内部はスポンジ状で、頭突きの衝撃をやわらげることができたということです。一方で成体になると、スポンジ状の構造が失われるため、頭突きの衝撃をやわらげることはできなかったのではないか（つまり、頭突きはできなかったのではないか）とされました。

２０１１年に発表された研究では、近縁種は成体であっても頭骨にクッションのような性質があったと示されました。また、２０１２年には、パキケファロサウルスの頭骨に頭突きによるものとみられる傷があることも指摘されました。

　こうした頭突きに関するさまざまな研究が発表されており、現在では、頭突きは可能だったとする見方が有力であるといえるでしょう。

　一方で、パキケファロサウルスは幼いときにはそもそもドームがあまり発達していなかったのではないか、とする指摘もあります。

　頭部をめぐるさまざまな研究はまだこれからも続いていきそうです。

亜成体のパキケファロサウルス。頭突きの衝撃をやわらげることができたかもしれない。

もふもふ！羽毛恐竜のはじまり

今日の〝恐竜図鑑〟を開けば、多くの恐竜が羽毛に覆われた姿で描かれています。今や、恐竜に羽毛があるのは当たり前。でも、ある世代以上のみなさんは、次のように思われているのではないでしょうか？

いつの間に、恐竜は〝もふもふ〟で復元されるようになったのだろう？

実際、20世紀に刊行された恐竜図鑑では、羽毛で覆われた恐竜（羽毛恐竜）はほとんど描かれていません。本書にしばしば登場する1970年代〜1990年代の一般書には皆無

です。

いつから恐竜は羽毛をもって描かれるようになったのでしょうか？

そのきっかけは、１９９６年に中国から報告された全長１・３メートルほどの「シノサウロプテリクス（*Sinosauropteryx*）」の化石でした。

この恐竜の化石には、頭頂部から背、尾の背側へとびっしりと細かな毛の跡が残っていたのです。そのため、全身を羽毛で覆われていたと判断されました。

そして、シノサウロプテリクスの報告を皮切りとして、次々に羽毛をもった恐竜化石が発見され、報告されるようになったのです。

そもそも羽毛は、骨にくらべると柔らかく、化石として残りにくいものです。だからといって、「羽毛の化石がみつからない」からその恐竜が「羽毛

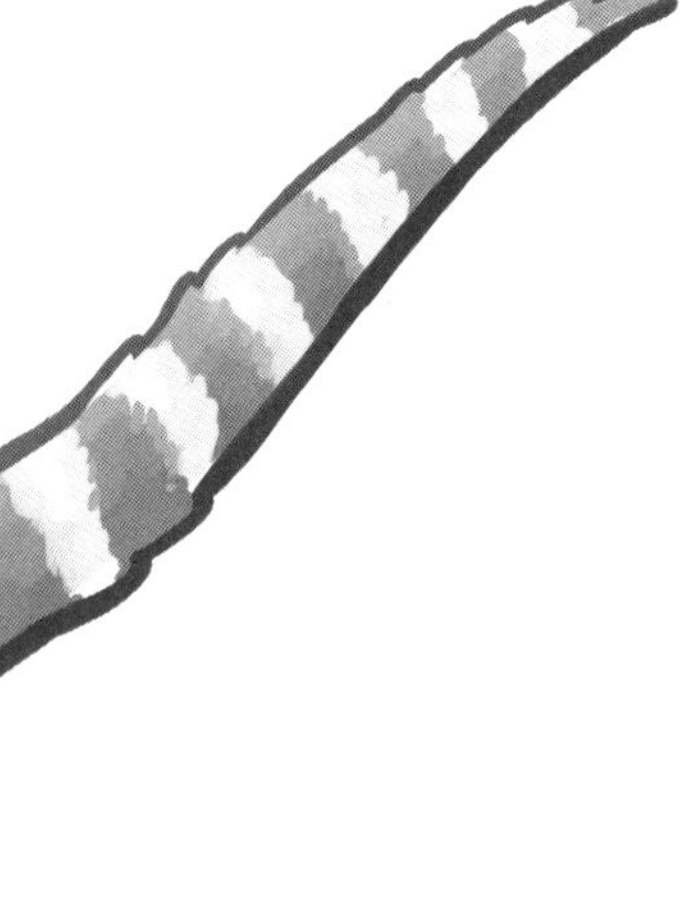

After

「羽毛をもっていた!?」

シノサウロプテリクスの化石から羽毛がみつかった。

をもっていなかった」と断言することはできません。

いい換えれば、羽毛の化石がみつかっていない恐竜でも、生きていたときには羽毛があった可能性があるわけです。

……となると、羽毛の有無の判断は非常にわかりにくい。そこで「近縁種や祖先種の化石に羽毛が確認できれば、羽毛の化石が発見されていなくても、羽毛をもっていた可能性は高い」と考えられるようになりました。

シノサウロプテリクス以降に発見された羽毛恐竜はさまざまなグループに属していました。そのため、同じグループの恐竜たちも羽毛を生やして復元されるようになったのです。シノサウロプテリクスの発見が、復元の歴史を変えたわけです。

そして、鳥類の恐竜起源説

歴史を少し遡ると、1970年代の学界では、31ページで紹介した「デイノニクス（*Deinonychus*）」などの小型の肉食恐竜の手首の構造が、鳥類のそれと似ていることなどが注目されていました。そして、鳥類は恐竜類の一部として進化したとする仮説が、すでに提案されていました。

しかし当時は、その説を後押しする決め手が今一つ欠けていました。

そこに1996年のシノサウロプテリクス発見の報告です。それまで鳥類だけがもつとされてきた「羽毛」が恐竜類に確認されたことは、この説の決定的な証拠でした。

シノサウロプテリクスの発見によって、鳥類の恐竜起源説はいっきに知られるようになり、今日では鳥類が恐竜類の一部であることは、ほぼ定説となっています。このことも、恐竜たちが羽毛をもって復元されることを後押ししているのです。

翼は何のため？ オルニトミムス

もともと、多くの恐竜には「翼がないこと」は当たり前でした。「ダチョウ型恐竜」の異名で知られる「オルニトミムス（*Ornithomimus*）」もそうした恐竜の一つ。オルニトミムスは全長4・8メートルほどの恐竜で、その異名が示すように、すらりとしたからだに小さな頭、長い首、長い脚をもっていました。「最速の恐竜」として、その名を馳（は）せる恐竜でもあります。この恐竜も、かつては羽毛のない姿で描かれていました。

羽毛恐竜の翼は、鳥類の恐竜起源説が有力となって

いる近年、復元されてきたものです。

その一方で、こうした復元の際に一つの疑問が生じることになりました。

「空を飛ばない恐竜に翼が必要だったのだろうか?」というものです。

この疑問に対する答えとみられる仮説が、オルニトミムスの研究から提案されています。

愛のために

オルニトミムスの化石に翼の痕跡があると報告されたのは2012年のことです。翼そのものが化石として残っていたのではなく、翼(羽根)がついていた痕跡が、オルニトミムスの腕の骨の化石にみつかりました。

オルニトミムスは、空を飛ぶことはできません。近縁種にも、空を飛ぶことができる恐竜はみつかっていません。そんな恐竜でも翼をもっていたということであれば、もともと翼は、飛行のために使うものではなかった可能性が高くなります。

オルニトミムス

オルニトミムスは「ダチョウ型恐竜」「最速の恐竜」といわれるほど、走り回る恐竜です。……ということは、翼は走行時にバランスをとるために使われていた可能性もありました。しかし、２０１２年の研究では、オルニトミムスの幼体には翼がなかったことも指摘されました。オルニトミムスは幼体時から足が速かったとみられており、もしもバランスのための翼であるというのなら、幼体に翼がないのは不自然です。

また、一般的に、翼は昆虫などをはたき落とす武器にもなりますが、オルニトミムスの主食は植物で、昆虫を食べることはなかったとみられています。昆虫をかみくだくための歯がオルニトミムスにはないのです。

こうしていろいろな可能性が検証された結果、「幼体には翼がなく」「成体には翼がある」ことに対する最も有力な説として、「繁殖のため」という説が提案されています。

つまり翼を使って求愛をしていたかもしれないのです。少なくとも、産んだ卵を温める（抱卵する）ことに翼は有効であり、親が子に注ぐ愛情がそこにはあったでしょう。

さらに、オルニトミムスを含むオルニトミモサウルス類は、翼のある恐竜としては最も原始的ではないか、といわれています。すなわち、そもそも翼は、「愛」に関わるものとして獲得されたのではないか、というわけです。

オルニトミムスの研究が、これまでよくわからなかった翼の役割について、有力な仮説を提唱することにつながったわけです。

消えた「ブロントサウルス」

恐竜に限らず、すべての生物は「種」として国際的に認められると学名がつきます。本書で、アルファベットで表記しているものが学名です。学名は、学術論文が発表されることによって命名されます。

ただし学名は不変ではありません。たとえば、1980年代までに刊行された一般向けの書籍にはかなり高い確率で載っていた「ブロントサウルス（*Brontosaurus*）」は、現在の書籍では〝消えて〟います。

それは、学名におけるいわゆる「先取権の原則」に

もとづくものです。たとえば、研究の進展により「新種だと思っていたけれども、実は過去に報告されていた種と同じだったことがわかった」という場合、学名は先に命名された学名に統一されます。

化石という限られた手がかりから種を論じる古生物学では、先取権の原則にもとづく統一は、しばしば発生します。

ブロントサウルスは、小さい頭と長い首、長い尾をもつ四足歩行性の植物食恐竜で、20メートル超級の巨体です。「Bront」は、ギリシア語の「Bronte」にちなみ、これが「雷」を意味することから、日本語で「カミナリ竜」と訳されていました。一定以上の世代には、「大型の恐竜といえば、ブロントサウルス（カミナリ竜）」と覚えている方も多いことでしょう。

実際、1973年刊行の『恐竜博物館』（光文社）や、1976年刊行の『大むかしの生物』（小学館）、1985年刊行の『大むかしの生物』（学習研究社）などの累計発行部数の多い〝図鑑系書籍〟でその名前をみることができますし、より大きな影響をあたえた可能性があるものとしては、1980年に公開された映画『ドラえもん のび太の恐竜』でも、この名が使われています。

しかし実は、ブロントサウルスという名前は、20世紀の初頭にはすでに〝消える可能性〟が指摘されていました。

そもそもブロントサウルスが命名されたのは、1879年のことです。それに先立つ1877年に「アパトサウルス（*Apatosaurus*）」という恐竜が報告されていました。この二つの恐竜が同種であると指摘されたのは、1903年です。先取権の原則により、ブロントサウルスは抹消され、アパトサウルスに統一されることになります。しかし、何しろ「カミナリ竜」という巨大恐竜のイメージにぴったりのネーミングですから、その後も使い続けられました。研究者の中にも、ブロントサウルスとアパトサウルスが同種と認めない人も多かったようです。

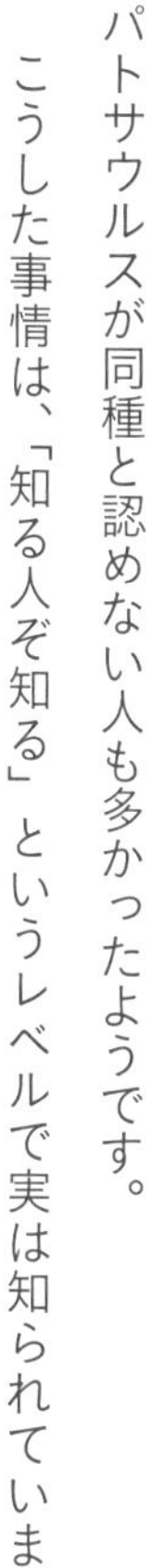

こうした事情は、「知る人ぞ知る」というレベルで実は知られていま

した。先ほど紹介した20世紀後半の書籍の中で最も古い『恐竜博物館』でも「学術上はアパトサウルスが正しい」と、すでに言及されています。他にもいくつかの書籍で、20世紀後半にはすでにアパトサウルスの名は使われています。それでもブロントサウルスという名前は使われ続けました。書籍から完全に消えた時期は定かではありませんが、21世紀になってようやくアパトサウルスへの統一が出版界でも方向づけられるようになったといえるでしょう。

ところが、2015年になって「やっぱり両種は別種だった」と指摘する論文が発表され、今まさに、再検討が進められています。

別れた「ブラキオサウルス」

「名前が変わった巨大恐竜」といえば、全長約22メートルの「ブラキオサウルス（*Brachiosaurus*）」もその一つです。アパトサウルスのように首と尾の長い四足歩行の植物食恐竜ですが、前脚が後脚よりも長いという特徴があります。35ページでも紹介した恐竜です。

この恐竜は、「ギラッファティタン（*Giraffatitan*）」の名前で呼ばれることが近年では多くなっています。

ただし、いささかややこしいのは、ブラキオサウルスの名前が抹消されたわけではないということです。

ブラキオサウルスは、1903年に命名された恐竜です。正式には「ブラキオサウルス・アルティソラックス（*Brachiosaurus altithorax*）」と名付けられました。ただし、命名の基準となった標本は、頭骨などを欠いていました。

1914年、ブラキオサウルス・アルティソラックスとよく似た恐竜化石がみつかりました。この恐竜は、同じブラキオサウルスの仲間（属）の別種として、「ブラキオサウルス・ブランカイ（*Brachiosaurus brancai*）」と命名されました。そしてブランカイは、アルティソラックスよりも残っている部位が多かったため、「ブラキオサウルスといえば、ブランカイ」として全身復元骨格がつくられてきたのです。

別の恐竜になったよ
ブラキオサウルス
ギラッファティタン

しかしその後、アルティソラックスとブランカイを同じブラキオサウルス属として扱うには、ちがいが多すぎるということが指摘されるようになりました。そして、1988年に後発であるブランカイを別属として独立させて「ギラッファティタン・ブランカイ（*Giraffatitan brancai*）」とすることが提案されたのです。

その結果、ブラキオサウルスという名前は残ってはいますが、最もよく知られたブラキオサウルス・ブランカイは、現在ではギラッファティタンと呼ばれることが多くなってきました。

もっとも、学名の取り扱いは研究者によって温度差もあります。たとえば、「ティランノサウルス」という名前を種名（属名）にもつ恐竜は、「ティランノサウルス・レックス（*Tyrannosaurus rex*）」しかいないとする考えが一般的です。しかし、通例は近縁の別属とされる「タルボサウルス・バタール（*Tarbosaurus bataar*）」をティランノサウルス属として扱い、「ティランノサウルス・バタール（*Tyrannosaurus bataar*）」と呼ぶ研究者もいるのです。

翼が4枚!? ミクロラプトルとイー

翼は「腕にだけ」あるもの。そんな常識を覆す羽毛恐竜の化石が報告されたのは、2003年でした。

その羽毛恐竜は、「ミクロラプトル（*Microraptor*）」です。

全長1メートルに満たないこの恐竜の最大の特徴は、脚にも翼があったことです。もちろん、腕にも翼がありました。

つまり、腕に2枚、脚に2枚、合計4枚の翼があったのです。

翼を4枚もつミクロラプトル。

翼が4枚ある！

それは、誰も予想していないことでした。現生の動物には4枚の翼がある種はいません。そのため、想像の範囲を超えていたのです。

後脚の翼は、いったい何のためにあったのでしょうか？

これについては、今なお、議論が続いています。飛行の方向を定める舵（かじ）のような役割を担っていたという説や、何の役にも立っていなかったという説もあります。

要するに、まだよくわかっていないのです。

ミクロラプトルの発見以降、実は四翼の羽毛恐竜は珍しくないことがわかってきます。たとえば、「始祖鳥（*Archaeopteryx*）」にも腕と脚に翼があることが判明したのです。ミクロラプトルの発見は、その後の羽毛恐竜の復元に際して、大きな影響をあたえたことがわかります。

「暗黙の了解」を覆す、皮膜の翼をもつ羽毛恐竜の発見

続々と発見される羽毛恐竜。その中には、ミクロラプトルのような四翼をもつ〝ちょっと変わった種類〟もいました。

しかし、それでも、暗黙の了解とされていたことがありました。それは、「恐竜の翼は羽根で構成されている」というものです。現生の鳥類と同じつくりの翼。誰が明言するともなく、それは当たり前のことと思われていました。

２０１５年、その「暗黙の了解」を覆す化石が中国から報告され、「イー（Yi）」と名付けられました。

イーは全長60センチメートルほどの小型の羽毛恐竜でした。ミクロラプトルよりもひと回り小型です。

この羽毛恐竜は、腕に「皮膜の翼」をもっていたのです。

羽根ではなく、皮でできた翼です。現生のコウモリの仲間や、あるいは恐竜時代

の翼竜類がこのタイプの翼です。

この発見によって、恐竜類のもっていた翼が、必ずしも羽根でできていたわけではないことが示されたのです。それまで考えられていたよりもずっと、「空を飛ぶこと」に対して、多様な〝挑戦〟が行われていた可能性が高くなる。イーの発見は、そんなことを指摘しています。

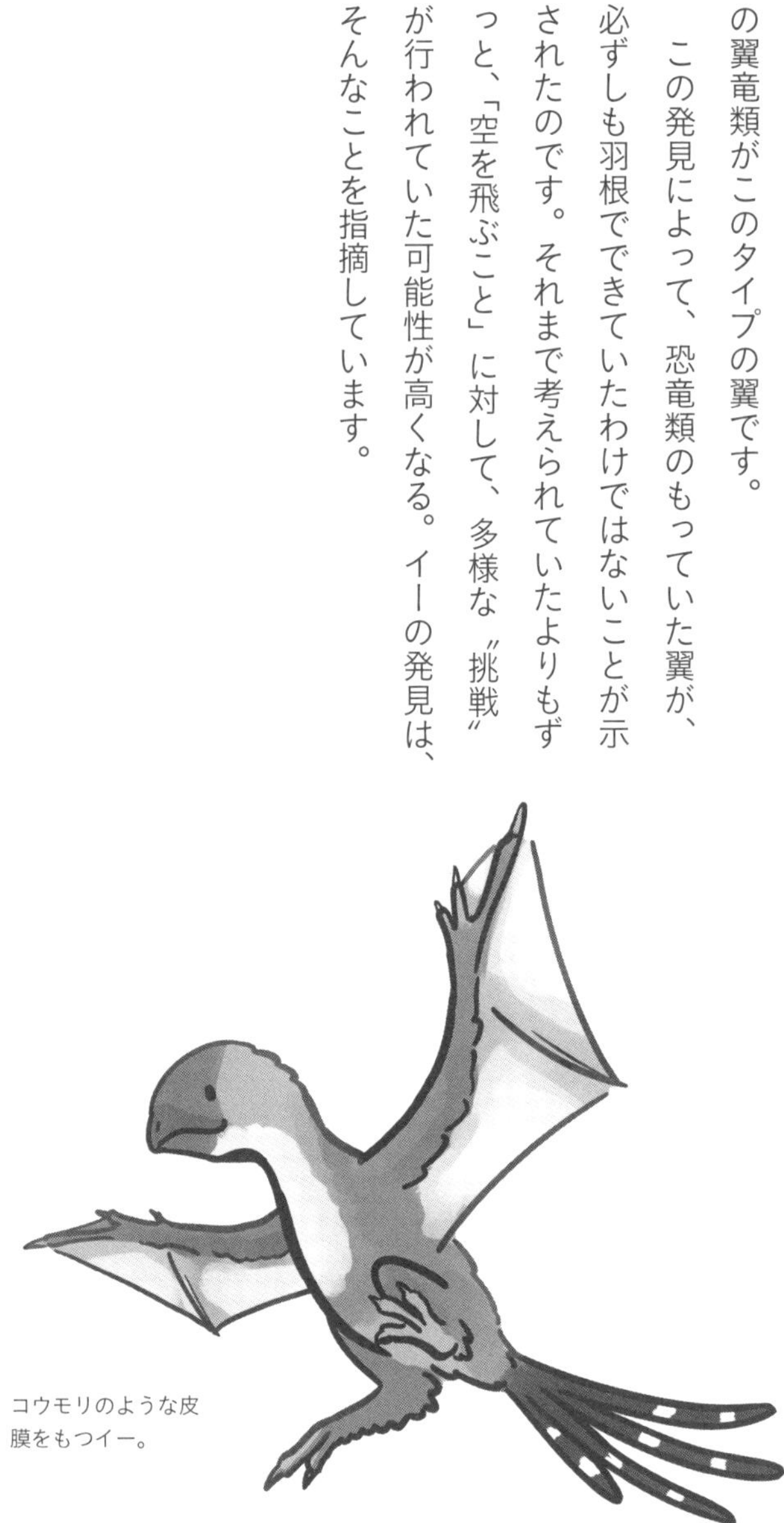
コウモリのような皮膜をもつイー。

Column

藤子・F・不二雄とスピルバーグ

恐竜やその他の古生物は、さまざまな創作物に登場し、そしてその創作物の人気とともに広く普及してきました。昭和から平成にかけて上映された、恐竜やその他の古生物が登場する代表的な映画といえば、次の2作品が挙げられるでしょう。

藤子・F・不二雄の『ドラえもん のび太の恐竜』と、マイケル・クライトン原作、スティーブン・スピルバーグ監督の『ジュラシック・パーク』です。

『ドラえもん のび太の恐竜』は1980年に公開されました。ドラえもんの映画といえば「春の風物詩」。本作はその記念すべき第1作となります。

「のび太の恐竜」というタイトルではありますが、主役となったのは恐竜ではなくて、クビナガリュウ類。1968年に発見されたフタバスズキリュウをモデルとした「ピー助」が登場します。

作中の恐竜たちは、ティランノサウルスが尾を引きずって歩く〝ゴジラ型〟だったり、ジュラ紀や白亜紀の恐竜が同じ場面に登場したり……現在の常識から見るとかなり違和感があるかと思います。

それでも、その影響力はすさまじく、本作が多くの日本人に恐竜や古生物の魅力を伝えたことは疑いようがありません。2006年にはリメイク版が公開され、さらにファン層を広げました。

『ジュラシック・パーク』は1993年に公開されました。最新の遺伝子工学で恐竜たちを現代に蘇らせるという物語で、当時、そのリアルな描写は衝撃的でした。1997年に第2作、2001年に第3作が公開され、そのいずれもがヒット。2015年にはシリーズ名を『ジュラシック・ワールド』に変更して事実上の第4作、2018年には第5作も公開されました。さらに続編も予定されています。

さすがハリウッド、さすがスピルバーグというリアル感溢れるエンターテインメント作品は、こちらも多くの人々に影響を与えたことでしょう。

Before

2

恐竜界を変えた恐竜

恐竜の見方をがらりと変えた！
恐竜研究の世界に、
「パラダイムシフト」を起こした
恐竜たちをご紹介。

After

この章で紹介する恐竜たち

この数十年で変わったのは、各恐竜の個別のイメージだけではありません。恐竜図鑑における分類表記にも変化はみられますし、恐竜類全体のからだのしくみや生息地域についての理解も変わってきました。

恐竜の色についても、アートからサイエンスへ移り変わりつつあります。いくつかの貴重な化石の発見がきっかけだったり、新たな研究者による新たな手法の解析が影響を与えたりして、こうした変化に至っています。

「いったいいつの間に、そんな仮説が出てきたの?」

近年の図鑑を開いて、そう疑問に思っていた〝大人世代〟のみなさんは、ぜひ、この章で変化を確認してみてください。

〝子ども世代〟のみなさんは、現代の図鑑などでは〝常識〟として扱われていることが、どのような研究の変化を経た結果なのか、ということを、お楽しみください。

そして、本章でも、ぜひ家族で会話を弾ませていただければと思います。

更新された「最初期の恐竜」たち

一般に「恐竜時代」と呼ばれる「中生代」には、古い方から「三畳紀」「ジュラ紀」「白亜紀」の三つの「紀」があります。"最初の恐竜"が現れたのは、三畳紀の半ばをすぎたころである、という理解は過去も現在も変わっていません。

1973年に刊行された『恐竜博物館』(光文社)では、「ジュラ紀の巨大竜脚類ブロントサウルスやディプロドクスなどの祖先とされる」として、体高60センチメートルの「テコドントサウルス(*Thecodontosaurus*)」、初期の恐竜として全長6メートルの「プラテオサウルス(*Plateosaurus*)」が収録

されています。

　この2種類の恐竜は、この『恐竜博物館』に掲載されている恐竜の中で「最も古いもの」と、「その次に古いもの」です。テコドントサウルスのいた時代は「三畳紀中期〜後期」とされ、プラテオサウルスは「三畳紀前期」とされています（これらの時代は、あくまでも、この本における表記です）。

　プラテオサウルスは、1985年刊行の『大むかしの生物』（学習研究社）にも収録されています。ただし、四足歩行と二足歩行を併用する、雑食性の恐竜として紹介されています。そして、『恐竜博物館』よりも遅い時期の「三畳紀後期」に生きていたと修正されました。プラテオサウルスは、1990年の『学研の図鑑　恐竜』（学習研究社）にも古い恐竜の代表格として登場します。一方、テコドントサウルスは、いつの間にか、こうした図鑑から姿を消していました。

「最初期」の〝更新〟

テコドントサウルスやプラテオサウルスは、現在の図鑑ではどのように紹介されているのでしょうか?

現在出版されている学習図鑑で、圧倒的ともいえる発行部数をほこる『小学館の図鑑NEO［新版］恐竜』(小学館)を開いてみましょう。2014年に新版が出されたばかりの図鑑です。

そこには両種ともしっかりと掲載されており、テコドントサウルスは「最も原始的な恐竜の1つ」として紹介され、プラテオサウルスは「恐竜が研究されるようになった初めのころから知られている恐竜です」とされています。どちらも植物食性の恐竜として分類されています。

先に紹介した3冊と異なるのは、『小学館の図鑑NEO［新版］恐竜』では、テコドントサウルスやプラテオサウルスをまとめたページに次のようなリード文があることです。

「最も原始的ななかまにくらべ、少し進化した竜脚形類で」……

つまり、〝最も原始的な恐竜の座〟は別にあることが示唆されているのです。

実は、〝最も原始的な恐竜〟は、1990年代にアルゼンチンにおける調査が進んだことで更新されたのでした。

アルゼンチン北西部にあるイスチグアラスト州に三畳紀後期の約2億2800万年前の地層があり、そこからいくつもの恐竜化石がみつかりはじめたのです。その代表格ともいわれるのは、1991年に発見され、1993年に報告された「エオラプトル（*Eoraptor*）」です。

エオラプトルは全長1メートルの小型の恐竜です。小さな頭には鋭い歯が確認されています。長い首と長い尾をもち、二足歩行をしていました。この恐竜は、すべての肉食恐竜を含む獣脚類の祖先のような位置にあるとみなされました。

[エオラプトル]
鋭い歯をもつ小型恐竜。

最古級の恐竜たち

エオラプトルと同時代の恐竜たちは、2000年代末からさらにいくつか報告されました。

まずは、2009年に報告された「パンファギア（*Panphagia*）」。全長70センチメートルの小型種です。頭は小さく、長い首、長い尾の二足歩行性。雑食性とみられています。

そして、2011年に報告された「エオドロマエウス（*Eodromaeus*）」。全長1メートルで、頭は小さく、長い首、長い尾の二足歩行性。肉食性とみられています。

パンファギアは、のちに20メートルを超える植物食性の巨大恐竜を生むことになる竜脚形類の最古級の種と分類されています。一方、エオドロマエウスは、獣脚類の最古級の種と分類されました。

［エオドロマエウス］
肉食性の小型種。

［パンファギア］
雑食性の小型種。

また、エオラプトルの化石が再分析された結果、実は雑食性で、パンファギアと同じように竜脚形類の〝最古級〟とわかりました。

こうして、約2億2800万年前の恐竜たちの化石がみつかるようになりました。かつて最古級といわれていたテコドントサウルスやプラテオサウルスとちがう点は、グループは異なるにもかかわらず、パンファギアやエオドロマエウス、エオラプトルの姿がとてもよく似ているということです。

こうした傾向は、1967年に報告されていた「ピサノサウルス（*Pisanosaurus*）」という恐竜とも一致します。ピサノサウルスも小型種で、頭は小さく、長い首、長い尾の二足歩行性。ただし、こちらはのちに「トリケラトプス（*Triceratops*）」などを生む鳥盤類の最古級です。つまり現在のところ、最初期の恐竜は、みんな似たような小型種だったとみられています。

ごく最近になって、ブラジルからも最古級の恐竜化石が報告されました。最初期の恐竜をめぐる研究は、今後も〝更新〟されていくことでしょう。

「恐竜の分類」も変わった——大分類の変化

恐竜類の分類に関しては、一般書で用いられている呼び名が、20世紀から21世紀にかけて大きく変わりました。

1982年に刊行された『まんが恐竜図鑑事典』（学習研究社）では、「恐竜のグループ分け」と題されたページで、恐竜類がまず「竜盤目」と「鳥盤目」に二分されています。そして、竜盤目は「先かみなり竜」「かみなり竜」「けもの竜」に細分され、鳥盤目は「鳥竜」「角竜」「よろい竜」「剣竜」に細分されています。

1990年の『学研の図鑑　恐竜』(学習研究社)でも、恐竜はまず「竜盤目」と「鳥盤目」に二分され、竜盤目は「かみなり竜」と「けもの竜」に細分され、鳥盤目は「剣竜」「とり竜」「角竜」「よろい竜」に細分されています。

こうした言葉の使い方は、1992年刊行の『きょうりゅうとおおむかしのいきもの』(フレーベル館)でも用いられています。

現在の主流の分類用語に従えば、「かみなり竜」は「竜脚類」、そして「けもの竜」は「獣脚類」のことです。かつての「かみなり」の由来は、代表的な竜脚類であった「ブロントサウルス(*Brontosaurus*)」にちなむものでしょう(ブロントサウルスに関しては、93ページも参照)。「けもの」に関しては「獣脚類」という漢字に由来するものと考えて良さそうです。

一方で鳥盤目においては、「鳥竜」は「鳥脚類」、「角竜」は「角竜類」、「よろい竜」は「鎧竜類」あるいは「曲竜類」、「剣竜」は「剣竜類」という言葉が現在は主流です。

いずれも、もともとは「獣脚類」や「鳥脚類」という言葉があり、それをわかりやすくいい換えようとした関係者の努力がうかがえます。実際、『まんが恐竜図鑑事典』では、「獣脚類」などの現在主流の呼び方も併記されています。言葉がなかったわけではないのです。

大分類の変化

ところで、みなさんはお気づきでしょうか。

この中に、現在、主流として使われている、ある分類群がありません。81ページで紹介した「パキケファロサウルス（*Pachycephalosaurus*）」は、現在では「堅頭竜類」という鳥盤類のグループに分類されますが、この「堅頭竜類」に相当する分類群がないのです。

『きょうりゅうとおおむかしのいきもの』を開いてみると、パキケファロサウルスは「鳥竜」（鳥脚類）に分類されています。ただし当時、「堅頭竜類」が認識されていなかったというわけではなく、1991年に刊行された『講談社パノラマ図鑑きょうりゅう』（講談社）では「石頭竜」というほぼ同じ意味のグループ名が登場しています。日本の出版界における試行錯誤がみえてきそうです。

「目」が消えていった

階層分類、というものがあります。

生物をまず「界」という大きな分類群に分け、その後、「門」「綱」「目」、そして「科」と細分化していく方法です。

恐竜の例を挙げると、研究者によって多少のちがいはありますが、たとえば肉食恐竜の「ティラノサウルス（*Tyrannosaurus*）」は、動物界脊椎動物門爬虫綱恐竜上目竜盤目獣脚亜目ティラノサウルス科に属します。ここで使った「上目」とは、「目」の上の分類群、「亜目」とは「目」の下の分類群です。「上」や「亜」は必要に応じて、「目」以外にも使われています。

階層分類の便利なところは、「界」「門」「綱」「目」「科」という上下関係さえ覚えていれば、その動物がどのレベルの分類群に属し、同じレベルの分類群に何がいるのかが、一目瞭然であるということです。

大分類の変化

しかし73ページなどで紹介したように、現在では鳥類は恐竜類に含まれるという考えが主流となっています。より正確にいえば、鳥類は獣脚類をつくるたくさんのグループの中の一つです。

階層分類では、鳥類は「鳥綱」です。階層分類で表記すると、動物界脊椎動物門爬虫綱恐竜上目竜盤目獣脚亜目鳥綱となり、「亜目」の下位に「綱」があることになってしまいます。階層分類の上下関係が途中で逆転してしまっているのです。

そのため、近年では階層分類を使わずに、とくに学術上の意味をもたない「類」を使うことが増えています。たとえば、「爬虫類恐竜類竜盤類獣脚類」といった具合です。上下関係はわかりにくくなりましたが、鳥類にみられるような矛盾はありません。ちなみに「科」の使用に関しては、ケース・バイ・ケースです。

恐竜類の新たな分類？

恐竜類は、まず「竜盤類」と「鳥盤類」に分けられる。この基本の分類は、

100年以上にわたって〝定説〟でした。

しかし2017年に発表された新しい仮説では、獣脚類は竜盤類よりもむしろ鳥盤類の恐竜たちと同じグループをつくると指摘されました。つまり、竜盤類は〝解体〟され、鳥盤類に獣脚類が加わるとされたのです。鳥盤類に獣脚類を加えたこのグループの名前として「Ornithoscelida」が提唱されています。決まった日本語訳はまだありません。

新聞各紙は、「恐竜の分類が変わる!」として大きく報道しましたが、この研究はあくまでも仮説の段階。用いられているデータ量も十分とはいえず、今後、どのような展開をみせるのかはまったくわかりません。

伝統的な分類が変更されるときがくるのでしょうか。

恐竜は「冷血」だった？——恐竜の体温

恐竜類は爬虫類(はちゅうるい)です。

爬虫類である以上は「冷血動物」だろう。かつてはそのように考えられていました。

爬虫類に限らず、脊椎動物においては魚の仲間や両生類は「冷血動物」で、哺乳類と鳥類は「温血動物」と、ざっくりと分けられていたのです。ちなみに「冷血動物」の「冷血」とは、体温がヒトのそれよりも低く、触ると冷たく感じたことが由来とされています。

冷血動物は自分では発熱することができず、外部から熱を

吸収することでからだを温めて動きます。活発な動きには、一定以上の体温が必要であるため、自分自身で体温を維持できない冷血動物は、温血動物のように素早く動けません。19世紀以来、「巨大」で「鈍重」というイメージのあった恐竜類は、こうした冷血動物のイメージとぴったりあっていたわけです。

「恒温性」の種もいると考えられはじめた

31ページで紹介した「デイノニクス（*Deinonychus*）」などの研究によって、1960年代末から「恐竜温血説」が唱えられるようになります。敏捷（びんしょう）な狩人と考えられたデイノニクスの生活を説明するためには、冷血性では説明できないと考えられたのです。

もしも、冷血性であったとしたら、デイノニクスなどの小型種は、活発な活動に必要な体温を維持できなかった可能性があるためです。

一つ例を挙げましょう。同じ温度のお湯をコーヒーカップと風呂の浴槽になみなみと注いでみましょう。

さて、どちらが先に冷えるでしょうか？

コーヒーカップの方が圧倒的に速いはずです。同じ温度であっても、体積（より正しくは、空気と触れる表面積）が小さい場合は冷めやすく、体積が大きい場合は冷めにくいのです。

このことから、全長10メートルを超えるような大型種はともかく、3・4メートルほどのデイノニクスや、より小さな恐竜たちの体温は失われやすかったと考えることができます。

そこで、冷えやすい小型種が素早く動くためには、自分自身で発熱できる温血性である必要があると考えられるようになったのです。

このころ、「温血性」に代わって「恒温性」、「冷血性」に代わって「変温性」という言葉が使われるようになりました。冷血性といわれている動物であっても、実はヒトよりも体温が高いものもいます。そのため、正確な

小型種のデイノニクス。
すばしっこく動いた。

表現ではないといわれるようになったのです。

一部の恐竜類は恒温性だった。

この仮説は、鳥類の恐竜起源説とあわせる形で広まっていきました。現生鳥類は恒温性です。その鳥類が恐竜類の一部であるのなら、恐竜類にも恒温性の種がいても不思議ではない。そのような見方が次第に強くなっていったのです。

2000年代になると、一部の恐竜類が鳥類と同じ呼吸器系をもっていたことが明らかになってきます。鳥類と恐竜類の共通項が示されたわけです。これによって、一部の恐竜類が恒温性だったという説はさらに強固なものとなっていきました。

「中温性」ではないか

現在では、「恒温性」「変温性」という言葉も次第に使われなくなってきています。恒温性の「恒」という文字には「つねに一定に保つ」という意味があります。そのため、「恒温性」を文字通り受け取ると、「体温を一定に保つことができる」という意味にも受け取れるからです。そこには、本来の意味である「自分で発熱できる」という意味は必ずしも含まれていません。

そこで、「恒温性」に代わる言葉として「内温性」、「変温性」に代わって「外温性」という言葉が用いられる場合が増えてきています。自分の体内で熱を生む内温性と、体外の環境によって体温が左右される外温性というわけです。一見すると、新しい言葉のようにみえるかもしれませんが、実は1993年に刊行された『恐竜なんでも事典』(集英社)などではすでに使われていました。

さて、改めていい換えれば、「恐竜類は基本的には外温性だけれども、種によって内温性だった可能性が高い」ということになります。

そして2014年になると、新たな仮説が発表されました。

それは、恐竜類は外温性でも内温性でもない「中温性(mesotherm)」だったのではないか、というものです。

この研究は、恐竜類21種を含む合計381種の動物の骨と体重、代謝率をまとめたもので、恐竜類の代謝率はサメやマグロ、オサガメなどに似るとされました。これらの動物は、外温性でありながらも活発に動き回り、その熱で体温を高め、維持しています。

内温性は体温を維持しやすい性質ですが、そのためには大量の食糧が必要です。一方、外温性の動物はあまり活発に動くことができませんが、食料が少なくてすみます。

中温性の動物は、内温性の動物ほど食糧を必要とせず、外温性の動物よりも動き回ることができると分析されました。つまり両方の「良いトコどり」をしていたというわけで、これこそが恐竜類が1億年以上にわたって繁栄した理由であるとされたのです。

恐竜は寒さが苦手？——恐竜の分布

一般的に外温性の爬虫類は、寒い場所では体温が低くなり、動きが鈍くなります。

また、119ページで紹介したように、仮に恐竜類が内温性や中温性であったとしても、そもそも寒い地域は、暖かい地域よりも生物の種類数が少ないことが常です。

そのため、寒くて、しかも冬には陽の出ている時間も短くなる「高緯度地域には、恐竜はいなかった」という考えが〝暗黙の了解〟でした。

もしもあなたが地球の歴史に詳しかったら、次のような疑問を感じているかもしれません。

「でも、恐竜時代って、地球全体が暖かかったんじゃないの?」

たしかに恐竜時代、とくに「白亜紀」と呼ばれる約1億4500万年前から6600万年前までの7900万年間は、全地球的にとても暖かかったことで知られています。北緯45度という高緯度まで熱帯性の気候だったという指摘もあるくらいです。「北緯45度」といえば、北海道の北端にある宗谷岬の緯度に相当します。

しかし、そんな温暖期であっても、高緯度地域は、冬は陽の出ている時間が短くなり、それなりに冷え込み、厳しい環境にあったと考えられています。そんな厳しい地域でわざわざ恐竜たちが暮らしていたとは、あまり考えられていませんでした。

アラスカや南極にもいた恐竜類

かつて高緯度地域には、恐竜たちはいなかったと考えられていました。

この見方は、21世紀になって崩れてきています。北半球でも南半球でも、高緯度地域からの恐竜化石の発見が相次いでいるからです。

北半球では、アラスカにおける調査が進められ、毎年のように新たな化石がみつかっています。全長5〜6メートルほどの角竜類の「パキリノサウルス（*Pachyrhinosaurus*）」をはじめ、たくさんの恐竜がアラスカにいたことが明らかになってきました。

ちなみに、パキリノサウルスは「角」竜類ですが、21ページのトリケラトプスのように、鼻先にツノをもっていませんでした。その代わりに大きなこぶがあったという〝ちょっと変わった恐竜〟です。

南半球でも、高緯度地域から恐竜化石がいくつもみつかっています。たとえば、南極大陸のすぐそばにあるジェームズ・ロス島からは、鎧竜類（よろいりゅうるい）「アン

After

「寒冷な地域にも恐竜はいた」

アラスカにいたと考えられているパキリノサウルス。

タークトペルタ（*Antarctopelta*）」の化石が報告されています。大きさは全長6メートルほどだったのではないか、とみられていますが、その姿はよくわかっていません。

20世紀のうちは、高緯度地域ではそもそも化石の調査が積極的に行われていませんでした。しかし、21世紀に入ってからこうした地域でも本格的な調査が行われるようになり、恐竜たちが意外と広い地域に生息していたことがわかってきたのです。

ちなみに、地球の大陸はプレートに乗って移動し、ときに合体し、ときには分裂してきました。このことから、「アラスカや南極大陸は、今は高緯度にあったとしても、白亜紀にはもっと暖かい中緯度にあったんじゃないの？」と思われる読者もいるかもしれません。

たしかに白亜紀の大陸の配置は、現在のものとは少しちがいます。しかし、アラスカも南極大陸も当時すでに十分な高緯度にあったことがわかっています。

どうやって暮らしていたのだろう？

どうやら高緯度地域に恐竜類がいたのはたしかのようです。なにしろ、化石が発見されています。

しかし、冬になると日照時間が極めて少なくなる地域で、彼らはどうやって暮らしていたのでしょうか？

この答えとなるような恐竜の化石も発見されています。

一つは、白亜紀には高緯度にあったオーストラリアから発見された「レアエリナサウラ（*Leaellynasaura*）」です。全長3メートルほどの小型の植物食恐竜で、二足歩行をしていました。一見すると、これといった特徴はないのですが、どうやら視覚が優れていたことがわかっています。夜目が利いたらしく、夜の長い高緯度地域で暮らす上で役に立っていたと考えられています。

もう一つは、アメリカで発見された「オリクトドロメウス（*Oryctodromeus*）」です。全長2メートルほどで、レアエリナサウラの近縁種にあたります。オリクトドロメウス自体は、高緯度地域から化石がみつかったわけではありません。しかし、この恐竜は「穴を掘ってその中で生活していた可能性が高い」とみられています。暖かい地中で暮らすことができるのであれば、寒冷な地域でも生き残ることができたかもしれません。

かつて考えられていたよりも、恐竜たちはずっと〝タフ〟に、さまざまな地域で生きていたのです。

地中で生活していたといわれるオリクトドロメウス。

ほぼ語られてこなかった「恐竜の卵」

1990年代まで、恐竜の卵に関する話題は、あまり大きく取り扱われていませんでした。本書で紹介した1990年代までのさまざまな一般書の中で、卵化石についての話の多くは、41ページで紹介した「オヴィラプトル（Oviraptor）」に関するものです。たとえば、1995年に刊行された『恐竜のなぞ②』（講談社）では、土を少し高く盛って〝巣〟をつくり、その中に細長い卵をいくつも配置、その上にオヴィラプトルが腰を下ろしている姿が描写されています。

実は恐竜の卵化石の研究の歴史は、古くからあります。有

名なものでは、1923年にアメリカの探検隊がゴビ砂漠で発見した卵化石がよく知られています。その発見に関連して、この探検隊が北京を出発してゴビ砂漠に向かった4月17日のことを、現在では「恐竜の日」と呼ぶほどです。

しかしその後、恐竜の卵に関する研究は停滞しました。いくつかの発見はありましたが、本格的な研究が再開されるのは、1990年代になってからです。このころから卵化石独自の分類法が整理され、さまざまな巣の化石が発見され、情報量がいっきに増えたのです。

そのため、20世紀と21世紀では、恐竜の卵に関する扱いがまったく異なっています。2017年には福井県立恐竜博物館で、恐竜の卵をテーマとする企画展が開催されるほど、卵の研究は進み、関心も高まりました。この企画展は、その後、大阪市立自然史博物館や名古屋市科学館などを巡回しました。

並べ方には意味がある

現在では、一口に「恐竜の卵」といっても、いくつかのパターンがあることが知られています。

一つは、球形もしくはほぼ球形。

こうした卵は、97ページの「ギラッファティタン（*Giraffatitan*）」の仲間たち（竜脚類）や、77ページの「パラサウロロフス（*Parasaurolophus*）」の仲間たち（ハドロサウルス類）などのものとみられています。ただし、実際に「ギラッファティタンの卵」や「パラサウロロフスの卵」というように「卵を産んだ親の種」が特定できているわけではありません。

二つ目は、細長い楕円形です。

このタイプの卵は、オヴィラプトルの仲間（オヴィラプトロサウルス類）のものとみられています。「恐竜の日」のきっかけとなった卵化石はこの

上下非対称

タイプの卵です。

三つ目は、現在の鳥類のものに似た上下非対称の卵です。

このタイプの卵は、恐竜類というグループの中でも、とくに鳥類に近縁の恐竜たちのものとみられています。

このうち、とくに二つ目の細長い楕円形タイプについては、巣の中の卵の配置についても研究が進んでいます。

かねてより、このタイプの卵化石は、巣の中に円を描くように配置されていることが知られていました。そして、おそらく円の中心に成体が腰を下ろし、卵の上に座るように抱卵をしていたと考えられてきました。ただし、これは小型種に限ってのこと。オヴィラプトロサウルス類には、卵の上に座ると自分の体重で卵を壊してしまいそうな大きな種もいます。

大型種の巣に関しては、2018年に新たな研究が発表されました。この研究では、大型種の巣では、卵が配置された円の直径が大きくなっていることが指摘されました。円の直径が大きければ、その中心に広い空間ができます。大型種はそうした空間に腰を下ろし、卵の上に座ることなく（つまり、自分の体重で卵を壊すことなく）、卵を保護することができたと指摘されたのです。

また、2018年には恐竜の卵がカラフルだったことも明らかになりました。

20世紀までは漠然と描かれていた恐竜の巣と卵ですが、近年ではここまで細かなことがわかってきているのです。

巣の形が、恐竜の生活圏にも影響

同じく2018年に発表された別の研究では、卵と巣の形、そして卵の温め方が、恐竜の分布（生活圏）にも大きな影響をあたえたことが示されています。

「卵を割らないように温める」

卵を円形に並べて、中央の空いたところに座り、温めていた。

球形やほぼ球形の卵が残る巣は、穴を掘って埋めたものや、土を盛り、おそらく植物をかぶせていたというものがあります。この研究では、こうした巣では、卵を温めるために、太陽光や地熱、植物が発酵する際に発生する熱が使われていたとみられています。

このうち、とくに太陽光や地熱を使った温め方を採用した卵の化石は、高緯度地域ではみられないとのことです。高緯度地域はとくに太陽光が弱く、卵を温めるために十分ではなかったことが指摘されました。

一方で、植物の発酵熱の利用や、あるいはオヴィラプトロサウルス類や鳥類に近い恐竜などが採用している抱卵といった方法で卵を温める場合、その卵化石は高緯度地域でもみつかることが示されています。

つまり、植物を使ったり、抱卵をしたりすることで、本来は暮らしにくいであろう高緯度地域にも、恐竜たちが生活圏を広げることができた可能性があることが、この研究で指摘されたのです。

日本ではみつからない!?――日本の恐竜化石

20世紀まで「日本列島では恐竜化石はみつからない。みつかったとしても、それは部分化石だけではないか」といわれていました。実際、たとえば、戦後初めて日本列島でみつかった恐竜化石である「モシリュウ」は上腕骨の一部という部分化石でした。

ただし、「日本初の恐竜化石」に関しては、ちょっとしたややこしさがあります。

まず、「日本」の名前を学名に冠している恐竜がいます。それは「ニッポノサウルス（*Nipponosaurus*）」

です。全長約４メートル。「ハドロサウルス類」というグループに属する植物食性の恐竜です。１９３４年に発見され、１９３６年にその学名がつけられました。その化石は保存状態が良く、ほぼ全身が残っているという、とても良好な標本でした。

ややこしさというのは、この恐竜がみつかった時期と場所です。ニッポノサウルスは現在のサハリンから化石がみつかったのです。第二次世界大戦まで、サハリンは南樺太（みなみからふと）と呼ばれ、日本領でした。それ故に「ニッポノサウルス」と名付けられたわけですが、戦後に南樺太はロシア領となりました。

そのため、ニッポノサウルスは「日本」を冠しながらも、厳密な意味で「日本の恐竜」といって良いのかどうかは悩ましいところなのです。

また、戦後、「大きな注目を集めた恐竜時代の〝大型化石〟」としては、「フタバスズキリュウ」を欠かすことはできないでしょう。１９６８年に福島県いわき市を流れる大久川でその化石は発見されました。

フタバスズキリュウは恐竜ではありません。クビナガリュウ類という別の爬虫（はちゅう）

類グループです。しかし、１９８０年に公開されたアニメ映画『ドラえもん のび太の恐竜』（２００６年にリメイク版公開）に登場する「ピー助」のモデルとされ、その愛らしい姿から多くの人気を集めました。なお、フタバスズキリュウに関しては、１６１ページでも紹介します。

みつかるのは部分化石ばかり

フタバスズキリュウの発見から10年後、戦後日本で初めてとなる恐竜化石がみつかります。

それが、本項の冒頭で紹介したモシリュウの化石です。岩手県岩泉町茂師でみつかったその化石は、１メートル近い大きさの竜脚類の上腕骨の一部でした。学名はついていません。

モシリュウの発見以降、日本列島各地で恐竜化石の発見が相次ぐようになります。とくに１９８０年代の終わりから本格的な発掘がはじまった福井県勝山市では、多くの恐竜化石がみつかっています。

そのほとんどは部分的なものです。モシリュウのように全身の一部というものが多数を占めました。

全身の骨がどのくらいの割合で残っていれば、その化石を「全身骨格」と呼んで良いのか、という点については議論があります。具体的な数字は決まっていないのです。骨の個数の残存率をいうのか、それとも、全身が推測できるような「部位」の残存率でいうのか、という点についても、とくに決まった数値があるわけではありません。

実際問題として戦前に発見されたニッポノサウルスの化石の保存率を超えるような恐竜化石はなかなかみつかりませんでした。

ついにみつかった「大型全身骨格」

ニッポノサウルスと並ぶ（あるいはそれ以上）といわれる恐竜化石は、福井県勝

日本の恐竜化石

山市で2007年からはじまった第三次恐竜化石発掘調査で発見されました。その化石は、2016年に「フクイベナートル（*Fukuivenator*）」と名付けられました。

フクイベナートルは、全長2・45メートルの小型の肉食恐竜（獣脚類）です。肉食専門というよりは、雑食性だったとみられています。全身の約7割ほどの骨が残っていました。日本を代表する「保存状態の良い恐竜化石」といえるでしょう。

ただし、ニッポノサウルスもフクイベナートルも、小型の標本です。化石は大きなものほど、全身が残りにくい傾向があります。そのため、日本列島でみつかる大型恐竜化石も、部分的なものばかりだったのです。

ところが今、日本の恐竜研究史は新たな段階へ移ろうとしています。

[フクイベナートル]
全身骨格が見つかっている。

２００3年に北海道むかわ町穂別（発見当時は穂別町）で発見されていた化石が、２０１１年になって恐竜化石であると判明。２０１3年と２０１4年に進められた大規模発掘で、そのほぼ全身の化石が回収されました。

通称「むかわ竜」と呼ばれるこの恐竜は、全長8メートルという大型のハドロサウルス類でした。２０１8年9月の記者発表で披露されたこの恐竜化石の保存率は、骨の個数で全体の6割、ボリュームとしては8割を超えるものでした。名実ともに、日本最高峰の大型恐竜化石の発見でした。

本書執筆時点では、むかわ竜には学名がついていません。しかし、当初よりこの恐竜化石が新種である可能性は指摘されており、遠からず新たな名前がつけられることでしょう。

時代が進むと増える？——恐竜の多様性

　この本に登場した恐竜の多くは、「白亜紀」という時代の恐竜です。

　肉食恐竜の「ティランノサウルス（*Tyrannosaurus*）」をはじめ、脚のつき方で変更のあった「トリケラトプス（*Triceratops*）」や、トサカで低い音を出していた「パラサウロロフス（*Parasaurolophus*）」、〝石頭恐竜〟の「パキケファロサウルス（*Pachycephalosaurus*）」、そして、ダチョウ型恐竜の「オルニトミムス（*Ornithomimus*）」などは、白亜紀の終盤が近づいたころの北アメリカに生息していました。

本書でここまでに登場した恐竜は、全23種。このうち、白亜紀は14種を占めます。実に60パーセントです。

しかし、恐竜時代は白亜紀だけではありません。

そもそも「恐竜時代」と呼ばれるのは、「中生代」という時代です。時間にして、約2億5200万年前から約6600万年前までの1億8600万年間を指します。そして中生代は、古い方から「三畳紀（約2億5200万年前〜約2億100万年前）」「ジュラ紀（約2億100万年前〜約1億4500万年前）」、そして「白亜紀（約1億4500万年前〜約6600万年前）」の三つの時代に分けられます。

107ページに紹介したように、恐竜は三畳紀後期に登場し、その後、次第に数を増やしてきたと考えられています。とくに約1億年前以後の白亜紀後期になるとその数は膨大なものとなりました。ある研究によると、これまでに報告されている恐竜の約4割が、この時代に集中しているともされています。

本当に白亜紀後期にいちばんたくさんの恐竜がいたの？

「恐竜は白亜紀後期にいちばんたくさんいた」

この言い方は、ある事実を二つ見落としています。

それは、「実際に生きていた種の数」のことではなく「化石が発見されている種の数」が多いという事実です。

そして、三畳紀よりもジュラ紀、ジュラ紀よりも白亜紀、白亜紀前期よりも白亜紀後期の方が、「地層の数が多い」という事実です。

恐竜に限らず、すべての古生物の化石は、地層からみつかります。当然、地層が多ければ多いほど、みつかる化石が多くなる傾向があります。地層が多い時代の恐竜の数が多くなるのは、自然なことなのです。

そこで、地層の数を計算にいれて、恐竜の種類が時代を追ってどのように変化したのかを分析した研究が、２００９年に発表されました。

この研究によると、中生代の全般を通じて増える傾向も、減る傾向も見出すことができなかったとのことです。つまり、化石がみつかっていないだけで、三畳紀やジュラ紀にもたくさんの恐竜がいた可能性があるということになります。

私たちが恐竜をみるときは、すでに「化石が残る・みつかる」という条件を経ていることを常に考える必要がありそうですね。

かつては「アート」だった⁉ ——恐竜の色

ティランノサウルスは、青色。

トリケラトプスは、紫色やオレンジ色。

アパトサウルスは、背は緑色で、脇腹は黄色。

これらは、1990年に刊行された『学研の図鑑　恐竜』（学習研究社）に掲載された恐竜たちのカラーリングです。

もう1冊、例を挙げましょう。

ティランノサウルスのからだはオレンジ色で、黒色の縞模様。顔の周辺は黄色。

トリケラトプスは全体的に黄色。黒の斑点。フリルの縁取りも黒。

アパトサウルスは、明るい黄色。そして、オレンジの縞模様。

こちらは、1991年に刊行された『講談社パノラマ図鑑　きょうりゅう』(講談社)に掲載された恐竜たちのカラーリングです。

ほぼ同時期に、大手出版社から刊行された2冊の図鑑。この2冊の例を挙げるだけでも、色はそろっていません。

それもそのはず。恐竜に限らず、古生物の色はほとんどの場合で謎に包まれています。いわゆる「色素」が化石に残る例は極めて少なく、そもそも恐竜の場合は、化石として残るのは、骨であることがほとんどです。つまり、体表の情報は化石に保存されていません。

そのため、古生物全般に関して、色は想像でつけられています。

これは何も1990年代に限られたことではなく、今日でもほぼ変わりはありません。

科学の領域というよりは、イラストレーターによる「芸術（アート）」。それが古生物の復元画の世界の主流です。もちろん、完全に想像である場合もありますが、生態やからだのサイズが似たものが参考とされる例が多くあります。恐竜の場合でいえば、ワニやゾウ、カバなどが参考にされます。ただし、それらはあくまでも「参考」で、何が正しいのかは誰にもほとんどわからないのです。

「アート」から「サイエンス」へ

恐竜の色は、ほとんどわからない。

そう、「ほとんど」です。先ほどから「ほとんど」「ほぼ」といった具合に、歯切れの悪い書き方をしてきたのは、2010年ごろから、色を科学的に推測できる例が増えてきたためです。

転機は、2010年に発表された研究です。対象となった恐竜は、85ページで紹介した〝最初の羽毛恐竜〟こと「シノサウロプテリクス（*Sinosauropteryx*）」です。

この研究で、シノサウロプテリクスは赤みを帯びたオレンジ色の羽毛をもち、尾には縞模様があったことが指摘されました。当時、『ナショナル ジオグラフィック』のオンライン版に『恐竜の体色を初めて特定』という記事が掲載されました。

シノサウロプテリクスの研究を皮切りに、恐竜の色に関する分析はいくつも発表されてきました。71ページで紹介した「始祖鳥（*Archaeopteryx*）」の色は、こうした研究の一つによって明らかになったものです。

色がわかった、あるいは、科学的に推測できるようになった恐竜の中で、欠かすことができないのが、「アンキオルニス（*Anchiornis*）」でしょう。全長40センチメートルほどの恐竜です。

2010年に発表された研究では、この恐竜の色が細部まで分析され、全身はほぼ灰色と黒色の羽毛、頭部には赤褐色のトサカ、頬には赤褐色の斑点、翼は白色で、光沢のある黒色で縁取られていたことが指摘されたのです。

大事な点は、こうした研究ではいずれも「色素そのもの」が残っていたわけではないということです。シノサウロプテリクス、始祖鳥、アンキオルニスに共通していたのは「羽毛」でした。

注目されたのは、羽毛に残っていた色素をつくる細胞小器官「メラノソーム」の跡です。とても小さなものですが、電子顕微鏡を使って観察することで、解析が可能となりました。

テクノロジーの進歩と普及が、恐竜の色を「アート」の世界から、科学的な研究対象へと変えたのです。

そして、次のステップへ

色素は化石に残らない。

……そう書いてきました。しかし、最新の研究では、残っていなかったはずの色素も確認、推測できるようになっています。

「色が分かる場合も」

メラノソームの跡から色がわかるケースもある。

〝最初の羽毛恐竜〟であり、〝最初に色が推測できるようになった恐竜〟でもあるシノサウロプテリクスでも、化石の色素に関するさらなる分析が進められ、2018年にその結果が発表されたのです。

この研究では、背側が暗く、腹側が明るい色であり、顔も基本的には明るい色であるものの、目の周りは現生のアライグマのように黒くなっていることが示されました。さらにこの色からシノサウロプテリクスが生きていた場所も推測されており、現在のサバンナのような開けた環境に適していたのではないか、と指摘しています。

他に、鱗を詳しく分析することで、色を復元する研究もいくつか発表されています。

恐竜の色はわからない。

この言葉が過去になる日は、そう遠くないのかもしれません。

Column

恐竜や古生物について学べる博物館

恐竜に関連する展示のある博物館を五つ紹介します。開館情報などは必ずホームページなどで確認してください。

●群馬県立自然史博物館（群馬県富岡市）

本書の監修を担当している博物館です。トリケラトプスの化石の発掘風景のジオラマを「上から」見ることができる珍しい展示があります。

また、カマラサウルスの全身骨格は、「世界で唯一の展示」とされるメスのものです。

●国立科学博物館（東京都台東区・上野公園内）

しゃがんだティランノサウルスの全身復元骨格という、世界でも珍しい姿勢の標本を見ることができます。トリケラトプスの標本は世界でも有数の良質なものです。

●福井県立恐竜博物館（福井県勝山市）

40体を超える恐竜の全身復元骨格が展示されています。さまざまな分類群の標本があるので、比較しながら見学するには最適です。

●北九州市立自然史・歴史博物館（福岡県北九州市）

まるで行進しているかのように配置された多数の全身復元骨格が特徴です。ティランノサウルスの良い標本が複数あります。

●御船町恐竜博物館（熊本県上益城郡御船町）

こちらも行進するように配置された恐竜の全身復元骨格が特徴。デイノケイルスの腕が壁にかけられています。

Before

Chapter

3

恐竜以外のビフォーアフター

中生代にいたのは、
恐竜だけじゃないんです！
そのほかの古生物たちも、
こんなに変わりました。

After

この章で紹介する古生物たち

研究の進展は、恐竜以外の古生物でももちろん起きています。

この章ではとくに、恐竜と同じ中生代に生きていた古生物たちに注目したいと思います。

たとえば、空を飛ぶ翼竜類、海の中を泳ぐクビナガリュウ類、モササウルス類などは、かねてより恐竜図鑑の〝名脇役〟として欠かせない存在でした。こうした動物群は、この数十年間でどのように〝変化〟したのでしょうか？

また、カメ類や哺乳類は、かつての恐竜図鑑では、わずかな種類しか収録されていませんでした。しかし研究の進展によって、カメ類や哺乳類にも大きな〝変化〟が見られます。彼らもまた、中生代の世界を語る上で欠かすことのできない存在となったのです。

恐竜だけが古生物ではありません。

この章では、恐竜以外の古生物についてさまざまな情報をまとめています。ぜひ、この機会に恐竜以外の古生物にもご注目ください。

翼竜類は空を支配していたのか？

翼竜類は、恐竜類と同じ爬虫類ですが、恐竜類ではありません。腕に皮でできた膜をもち、その膜に風を受けることで空を飛んでいたと考えられています。恐竜時代の〝名脇役〟として知られてきました。

たくさんの翼竜類の中でも「ケツァルコアトルス（*Quetzalcoatlus*）」は、かねてより「巨大翼竜」としてよく知られてきました。アメリカから化石が発見され、1975年にその学名がつけられた翼竜です。

本書で紹介してきた一般書の中にも、ケツァルコアトルス

は登場します。たとえば、１９９０年刊行の『学研の図鑑　恐竜』（学習研究社）では、「これまで地球上に現れた空を飛ぶ動物の中では、いちばん大きい」と紹介されています。

　また、１９９２年刊行の『きょうりゅうとおおむかしのいきもの』（フレーベル館）では、「空にいた　は虫るい」のページの筆頭で紹介されました。ちなみに、サイズに関しては、翼開長値として10〜15メートルが採用されています。

　こうした図鑑では、ごく普通に空を飛ぶ姿が描かれています。

　１９９０年代の本だけではありません。

　２００７年から２００８年にかけて全国を巡回した企画展『世界最大の翼竜展』の図録では、ケツァルコアトルスの空飛ぶ姿が表紙を飾り、何を隠そう２０１５年に刊行した拙著『白亜紀の生物　上巻』（技術評論社）でも、翼を広げた姿のイラストを紹介しました。

本当に空を飛べたのか？

巨大翼竜は、ケツァルコアトルス以外にもいました。しかし、ケツァルコアトルスはその代表種としてよく知られ、20年以上にわたって一般書に登場し続けています。

ただし、その扱いは実は少しずつ変わってきているのです。

それは、近年になって「全長10メートルを超えるような大型種が、本当に空を飛べたのだろうか？」という疑問が出てきたからです。

先に紹介した1990年代の2冊の図鑑では、ケツァルコアトルスの飛行能力にとくに疑問をもたれていません。しかし、2007年の企画展図録では、体重や離陸に必要な風速などの具体的な数値が紹介され、飛行能力が検証されています。その上で「十分に離陸できたであろう」と結論づけています。一方、2015年の拙著では諸々の研究を紹介し、「どのように飛行していたのかについても、実際のところは謎である」と書きました。

この変化は、2000年代後半から、ケツァルコアトルスなどの大型の翼竜類についての体重がさまざまな方法で推定されるようになったことが原因の一つです。たとえば、2010年には200キログラムを超えていたとされ、「飛べなかった」と指摘された研究が発表されています。また、それに先立つ2008年の研究では、飛べないケツァルコアトルスは、地上で肉食性の動物として活動し、恐竜の幼体を襲っていた可能性が指摘されました。

この議論についての結論は出ておらず、今もさまざまな研究が進められています。

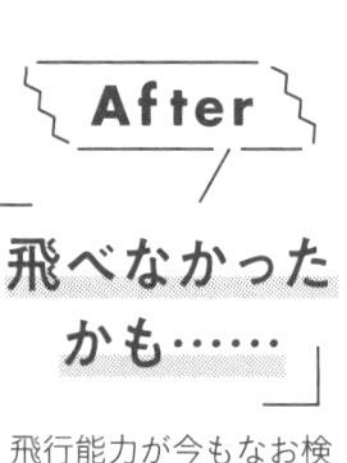

飛行能力が今もなお検証され続けている。

くねくねの首だったクビナガリュウ

「クビナガリュウ類」といえば、日本では「フタバスズキリュウ」が有名です。

1968年にその化石が発見されてから、大きな注目を集めてきました。フタバスズキリュウが有名だから、というわけではないでしょうが、一般的な〝恐竜図鑑〟の名脇役として、クビナガリュウ類の復元画はかねてより登場していました。

しかし、1990年代までのその復元画をみると、首のくねり方がとっても〝自由〟でした。

この本でも紹介してきた2冊の漫画、1982年刊行の『まんが恐竜図鑑事典』(学習研究社)や1993年刊行の『恐竜なんでも事典』(集英社)では、ほぼ180度首を曲げて、頭部が自分の背中の方向を向いている姿が描かれています。

1976年刊行の『大むかしの生物』(小学館)、1985年刊行の『大むかしの生物』(学習研究社)では、水面から首を出し、かなり激しく首を曲げる姿が描かれました。

こうした「くねくねの首」は、クビナガリュウ類の復元に関してトレードマークともいえるようなものでした。しかし、2000年代以降の復元画からは姿を消しています。理由は単純で、そこまで急角度に曲がると、脱臼してしまうからです。

では、いったい何度まで首が曲がったのかについては、今なお、多くの研究者が納得する具体的な数字が出ているわけではありません。しかし、少なくとも、かつての書籍で描かれたような「自由すぎる〝くねくね〟」は、できなかったとみられています。

一方で、長い首が高い場所に届くなどの利便性を発揮する陸上とは異なり、自分自身が自由に動き回ることができる水中で、長い首がいったい何の役に立っていたのかについては、有力な仮説が出ていません。古生物のくらしを復元するためには、姿のよく似た現生種を参考にすることが多くあります。しかし、クビナガリュウ類については、似た姿の現生種がいないのです。

フタバスズキリュウに学名がついた

1968年の発見以来、フタバスズキリュウは日本を代表する古生物として、よく知られてきました。1980年公開の『ドラえもん　のび太の恐竜』(2006年にリメイク版公開)に登場する「ピー助」のモデルとなったことも、その知名度拡大に大きな役割を果たしたことでしょう。

筆者(土屋)が一般向けに古生物にかかわる講演をすると、「クビナガリュウ類」という言葉を知らなくても、「ピー助」は知っているという受講生の方が少なからずいます。ただし、このピー助は、クビナガリュウ類ではなく、恐竜として扱われているので注意が必要です。

ちなみに、「クビナガリュウ類」という言葉は、フタバスズキリュウの発見にともなってつくられたものです。従来は「蛇頸竜類」や「長頸竜類」といった言葉が使われていました。もともとの英語は、「Plesiosauria」というもので、その語源は「トカゲに似る」です。

さて、それほどまでに知名度とインパクトのあるフタバスズキリュウですが、実は国際的に通用する「学名」がつけられていませんでした。

実は当初は、フタバスズキリュウの研究に貢献したサミュエル・ウエルズ博士にちなんで「ウエルスサウルス・スズキイ（*Wellesisaurus suzukii*）」と命名される予定でした。しかし、正式な論文が発表される前に、この名前が公表されてしまったため、学名命名規約の約束事によって、学名として使えなくなっていたのです。

ぴー助

[フタバスズキリュウ]
「ピー助」のモデルにもなった。

フタバスズキリュウに待望の学名がついたのは、2006年のこと。発見から28年の歳月が経過していました。そうしてついた学名は「フタバサウルス・スズキイ(*Futabasaurus suzukii*)」です。名実ともに、世界に認められた存在となったのです。

日本でも〝3タイプのクビナガリュウ類〟が発見された！

クビナガリュウ類といえば、フタバサウルスばかりが注目を集めていますが、実は日本では他にもクビナガリュウ類の化石がいくつも発見されています。

その中の一つは、北海道むかわ町穂別から発見された「ホベツアラキリュウ」です。1975年に発見され、1989年に報告されています。

ホベツアラキリュウの見た目は、フタバサウルスとそっくりです。研究者でもなければ、一目みて、両種を見分けることは難しいでしょう。

フタバサウルスとホベツアラキリュウの例を挙げるまでもなく、クビナガリュウ類はとてもよく似た種が多くいます。

しかし実は、クビナガリュウ類の中には、「首の短いクビナガリュウ類」と呼ばれるものと、「首の短いクビナガリュウ類」よりは首が長いものの、フタバサウルスたちほど長くないものがいます。

日本でも、こうしたクビナガリュウ類の化石がみつかっており、近年、その研究成果が次第に公表されるようになってきました。こうした化石は、20世紀のうちに発見されていたものの、近年の研究で詳しくわかってきたものです。

かつて日本には、多様なクビナガリュウ類がいた。近い将来、恐竜時代の日本を描いた海の絵には、3タイプのクビナガリュウ類が登場するようになることでしょう。

首の短いクビナガリュウ。

首のやや長いクビナガリュウ。

「海のオオトカゲ」と呼ばれた爬虫類 ―― モササウルス類

モササウルス類はかつて、「海に生息するオオトカゲ」といわれていました。全長10メートルを超す巨大なトカゲ。その四肢をヒレに変えた姿がモササウルス類全般のイメージとして復元されてきました。

海のオオトカゲとして描かれたのは、ヘビのようにからだをくねらせて泳ぐ姿でした。１９７３年に刊行された『恐竜博物館』(光文社)で、モササウルス類の「クリダステス(*Clidastes*)」という小型種に対してそのような説明がなされていますし、１９９０年刊行の

『藤子・F・不二雄　恐竜ゼミナール』（小学館）でも同様に紹介されています。

いや、こうした20世紀の本ばかりを紹介するのはフェアではないでしょう。2015年に公開された映画『ジュラシック・ワールド』、その続編にあたる2018年の『ジュラシック・ワールド／炎の王国』でも、同様の姿で復元されています。

しかし実は、2010年代の研究によって、その復元には大きな変更がせまられていたのです。

「尾びれ」の存在で"泳ぎ方"が変わる

モササウルス類が「海のオオトカゲ」と呼ばれていた理由は、四肢がヒレになっている以外は、オオトカゲとよく似ていると考えられてきたからです。

しかし2010年になって、モササウルス類の一種

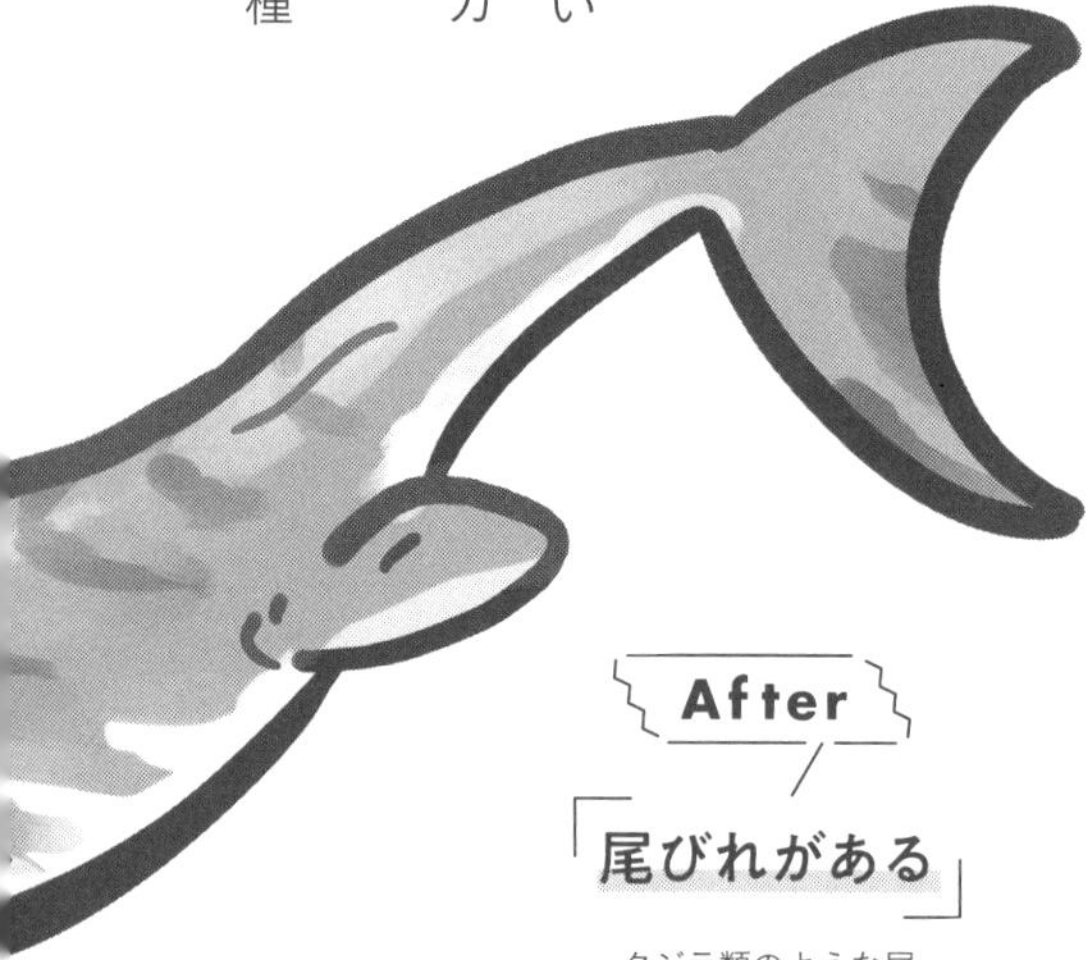

After

「尾びれがある」

クジラ類のような尾びれをつけて、復元されるように。

である「プラテカルプス（*Platecarpus*）」の化石の分析から、尾びれの存在が指摘されるようになりました。当初、この尾びれは「存在が指摘されただけ」で化石ではみつかっていませんでした。しかし、2013年には別種のモササウルス類の化石に尾びれの痕跡がみつかったと報告されました。この報告に先立つ、2012年の研究では、プラテカルプスの肋骨の特徴がオオトカゲ類よりも、系統的には離れているクジラ類とよく似ていることが指摘されています。

オオトカゲ類には尾びれはありませんが、クジラ類には尾びれがあります。

「尾びれがある」ということは、単純に姿が変わるだけではありません。「からだをくねらせて泳ぐ」という従来の生態復元では、モササウルス類は「ゆっくり泳ぐもの」と暗黙のうちに考えられていました。そして、「長い距離を泳ぎ続けるのは苦手」ともみられていたのです。

しかし新たな復元はちがいます。尾びれを上手に使うことで、「高速で

尾びれの特徴から、泳ぎ方も推測できるようになった。

長距離を泳ぐ」ことができた可能性が出てきたのです。2013年の研究では、現在の遠洋性のサメ類と同等の遊泳能力があったと指摘されています。

モササウルス類の〝今〟は、もはや「海のオオトカゲ」という言葉から想像できる姿でも生態でもないのです。

アーケロン〝一強〟だった中生代のカメ類

恐竜時代（中生代）の名脇役として、一般向けの書籍などでかなり高い頻度で登場してきたカメがいます。

その名も「アーケロン（*Archelon*）」。甲長2・2メートル、全長3・5メートル。軽自動車並みの巨体をもつウミガメです。

アーケロンは「大きい」という点をのぞけば、その姿は現在のウミガメと大きなちがいはありません。しかし、そのからだの大きさが注目され、かねてよりさまざまな一般書に掲載されてきました。本書で紹介し

た一般書の中では、たとえば１９７３年に刊行された『恐竜博物館』(光文社)、１９８５年刊行の『大むかしの生物』(学習研究社)、１９９２年刊行の『きょうりゅうとおおむかしのいきもの』(フレーベル館)などでみることができます。

ただし、こうした書籍には、恐竜時代のカメは、アーケロンしか紹介されていません。また、書籍によってはアーケロンさえ載っていないものも多くあります。アーケロンの存在感がいかに大きく、そして誤解を恐れずに書いてしまえば、いかにカメ類に対して注意が払われていなかったのかを示す例といえるでしょう。

最古のウミガメをめぐる研究

中生代にいたカメ類が、アーケロンだけであるというわけではありません。そこで、この本では近年とくに話題になっている５種類のカメを紹介したいと思います。

一つは、ブラジルの白亜紀前期……おそらく約１億１３００万年前のものとされる地層から化石がみつかった「サンタナケリス（*Santanachelys*）」です。

サンタナケリスは1998年に報告された全長20センチメートルほどのカメ類です。そしてその後、「最古のウミガメ」としてよく知られてきました。発見されたのが、かつて海だった地層であったこと、そして頭骨に、体内の塩分を逃がすために涙を分泌する「涙腺」のスペースが確認できたことが、「ウミガメだった」ことの根拠とされています。

ところが2015年になって、その「最古の記録」が更新される可能性が出てきました。コロンビアから白亜紀前期の約1億2000万年前のものとされる、推定全長が2メートル近いウミガメの化石が報告されたのです。そのウミガメの名前は「デスマトケリス・パディライ（*Desmatochelys padillai*）」といいます。

実はすでに「デスマトケリス」という名前（属名）をもつウミガメ類の化石は、1894年に報告されており、アメリカやカナダ、そして日本でも化石がみつかっていました。ただし、それは「デスマトケリス・ロウィイ（*Desmatochelys lowi*）」という種で、サンタナケリスよりも新しい時代のものでした。2015年に報告されたパディライは、デスマトケリス属の新種という位置づけです。ちなみに、パディライの涙腺についてはよくわかっていません。

最古のカメは、リクガメかウミガメか

カメ類の歴史においては、「リクガメ」が先行してきたとみられています。

1887年に報告された「プロガノケリス（*Proganochelys*）」というリクガメが、長い間「最古のカメ」のタイトルホルダーでした。全長1メートルほどのこのカメは、がっしりとした四肢をもつリクガメで、ドイツの三畳紀後期の約2億1000万年ほど前の地層などから化石がみつかっています。21世紀になってからは一般書にも登場し、2004年刊行の『小学館の図鑑NEO　大むかしの生物』（小学館）でも、「最古のカメ」として紹介されています。

［プロガノケリス］
長い間、「最古のカメ」とされた。

カメ類

２００８年、プロガノケリスのもっていた記録が更新されました。中国の三畳紀後期の約2億２０００万年前の地層から、全長38センチメートルのカメ類、「オドントケリス（*Odontochelys*）」が報告されたのです。このカメ類は腹側だけに甲羅をもっており、「これぞ、カメ類が甲羅を発達させる途中のカメだ」として注目されました。

ただし、オドントケリスがウミガメであるかリクガメであるかは意見が分かれました。海でできた地層から化石はみつかったのですが、四肢はヒレではなく指であり、水中を泳ぐ〝仕様〟ではなかったのです。

２０１５年には、より古いカメ類として、ドイツの三畳紀中期の約2億４０００万年前の地層から全長20センチメートルほどの「パッポケリス（*Pappochelys*）」が報告されました。このカメは陸上生活をしていたとみられており、甲羅を

[オドントケリス]
腹側に甲羅をもっていた。

もってはいないものの、甲羅になりかけているとみられる肋骨をもっていました。ただし、パッポケリスは厳密な意味ではカメ類ではなく、カメ類に近縁の存在であるとみられています。

このように21世紀になってからは、「最古のカメ」を探る研究が進んでいます。「甲羅」という他の動物にはみられないつくりをもつカメ。その進化に、たくさんの人々が注目しているのです。

[パッポケリス]
カメの近縁種。甲羅になりかけた肋骨をもっていた。

ネズミサイズの弱者とされていた哺乳類

1976年に刊行された『大むかしの生物』(小学館)の「哺乳類」の項目は、次のようにはじまっています。

「まだ恐竜をはじめとする巨大なは虫類が栄えていた中生代の白亜紀ごろ、原始的な哺乳類が出現しました。そのなかのひとつは、今のジネズミのなかまに近い食虫目にぞくする小型の動物で、おそらく森や草原にすみ、昆虫類を食べていたものと思われます」

この文章からは、当時の哺乳類がどのように理解されていたかがみえてきます。原始的な哺乳類の登場は

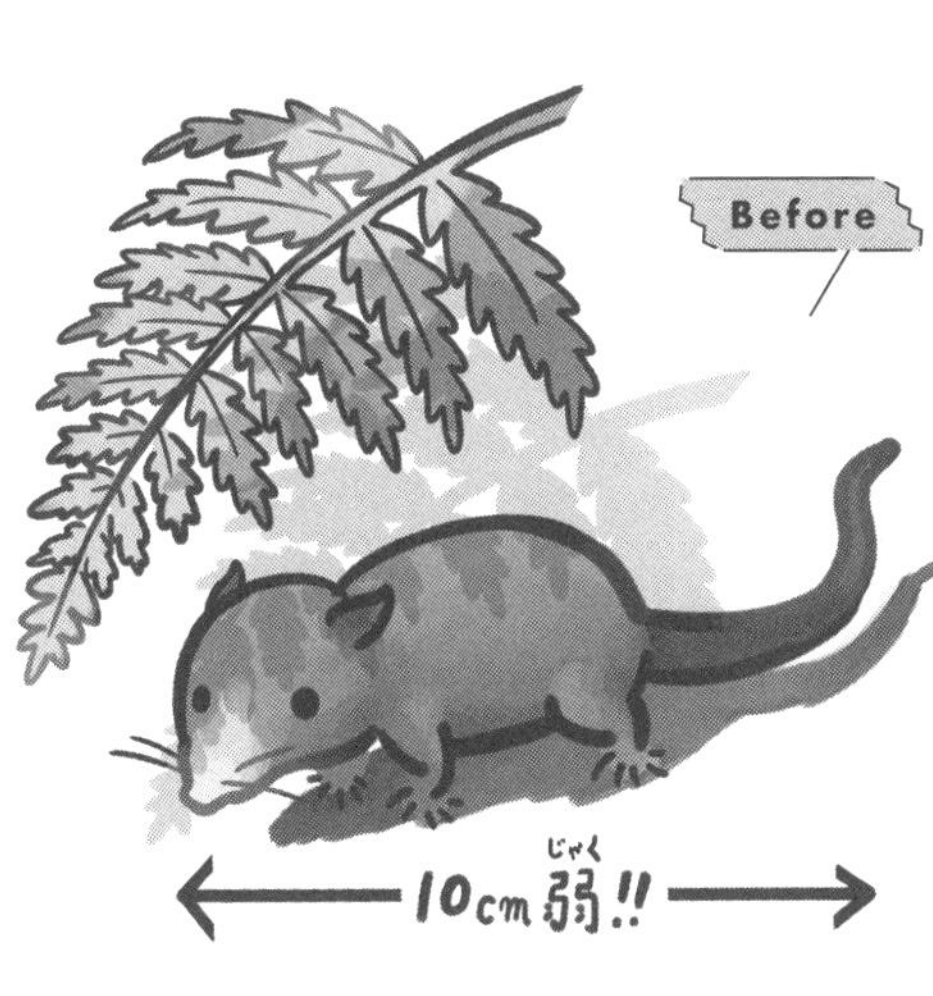

白亜紀ごろとみられていたこと、それはジネズミのサイズ（頭胴長10センチメートル弱）とされていたこと、食虫目に属するとみられていたことなどです。

このうちのいくつかの情報は、その後、更新されていきました。たとえば現在では、哺乳類の祖先の出現は、三畳紀にまで遡ることがわかっています。

一方で、「恐竜時代の哺乳類といえば、ネズミのような姿をしていて、ネズミと同じようなサイズ」という認識は、その後も長い間更新されることなく引き継がれていきました。ときにそれは夜行性であるとされ、恐竜たちの陰にひっそりと隠れながら生き続ける、そんな哺乳類のイメージが継承されてきたのです。

このイメージは、21世紀に入ってからも続きました。

2004年に刊行された『小学館の図鑑NEO　大むかしの生物』（小学館）には中生代の哺乳類として11種が収録されています。いずれもネズミやリスのような小型哺乳類で、11種中の9種が頭胴長15センチメートル以下と小型です。

土を掘り、川を泳ぎ、空を飛ぶ

恐竜の陰に隠れて生きるネズミのような動物。

現在では、哺乳類のそのイメージは、必ずしも正しいものではなくなっています。

2005年、アメリカのジュラ紀の地層から、頭胴長6～7センチメートルと推測される小型哺乳類の化石が報告されました。

この哺乳類はサイズだけをみれば、従来のイメージからは外れません。

しかし、その下顎には杭（くい）のような形で歯根のない歯が並んでいました。また、前脚にある4本の指の先端には鋭いかぎ爪があったのです。こうした特徴は、「ネズミのような動物」という従来のイメージには当てはまりません。

むしろ、現生哺乳類のツチブタに近い特徴です。ツチブタは、鋭いかぎ爪で土を

［フルイタフォッソル］

崩し、アリを食べます。この哺乳類もツチブタと同じように土を掘る生活をしていたのではないか、とみられています。「フルイタフォッソル（*Fruitafossor*）」と名付けられました。

フルイタフォッソルだけではありません。

2006年には、中国のジュラ紀の地層から、従来の哺乳類のイメージを覆すような化石が2種類も報告されたのです。

そのうちの一つは、「カストロカウダ（*Castrocauda*）」と名付けられました。全長45センチメートル。その大きさだけをみても、従来の〝最大級〟に匹敵します。

それだけではありません。カストロカウダは全身が体毛で覆われ、平たい尾をもっていました。まるで現生のビーバーのようなな姿で、おそらくビーバーと同じように半水棲の生態をもっていたとみられています。

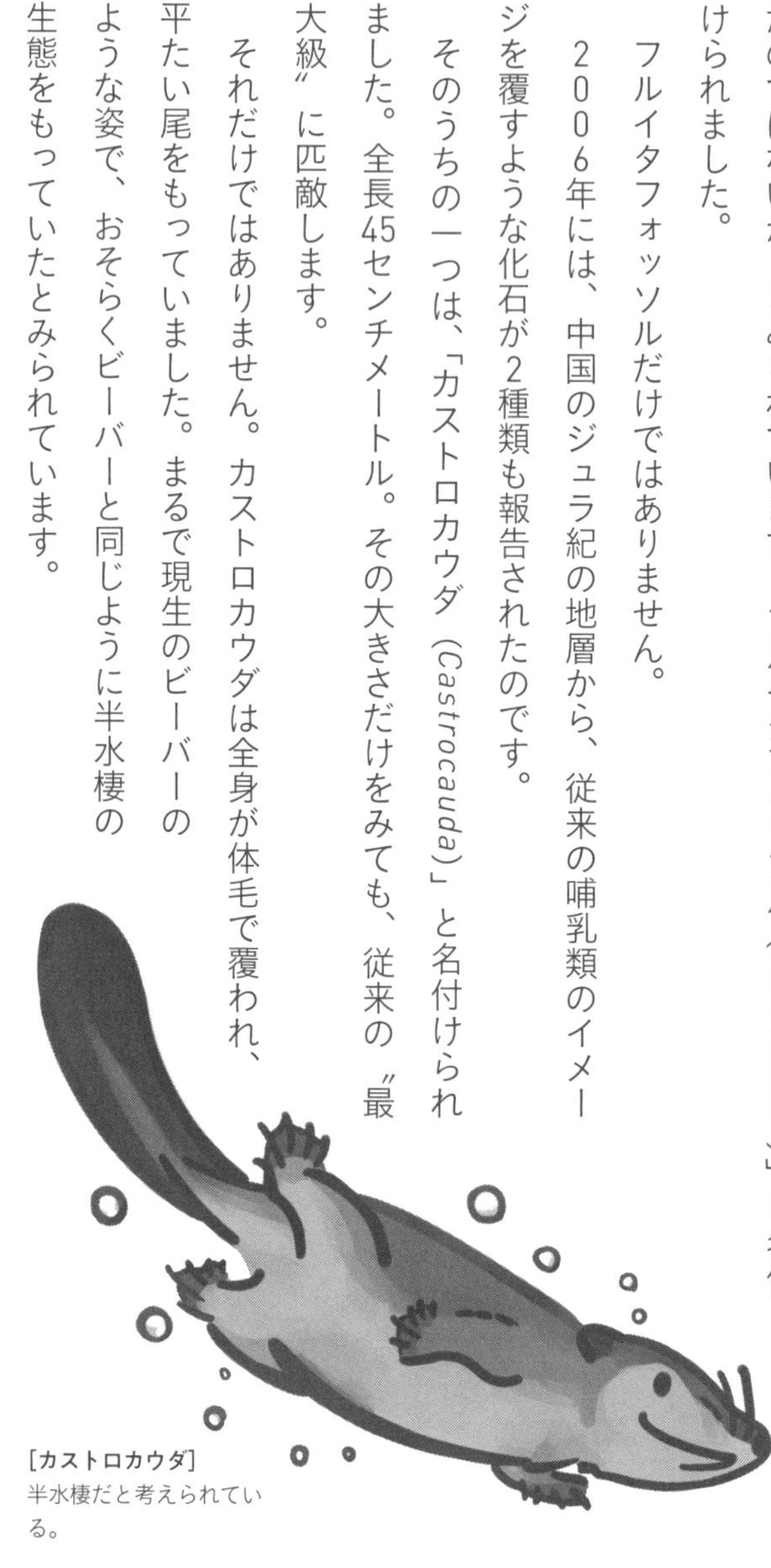

［カストロカウダ］
半水棲だと考えられている。

もう一つは、「ヴォラティコテリウム(*Volaticotherium*)」です。こちらは全長12〜14センチメートルほどと小型です。そして、カストロカウダがビーバーに似ているとすれば、ヴォラティコテリウムはアメリカモモンガに似ていたのです。つまり、ヴォラティコテリウムは飛膜をもち、それを広げることで、樹木から樹木へと滑空することができたとみられています。

土を掘るフルイタフォッソル、川を泳ぐカストロカウダ、空を飛ぶヴォラティコテリウム。この3種類の哺乳類の発見は、「恐竜の陰に隠れて生きるネズミのような動物」という従来の中生代の哺乳類のイメージを覆したのです。

そして、恐竜を食べる

極めつきともいえるのは、中国に分布する白亜紀の地層から2005年に報告された「レペノマムス(*Repenomamus*)」

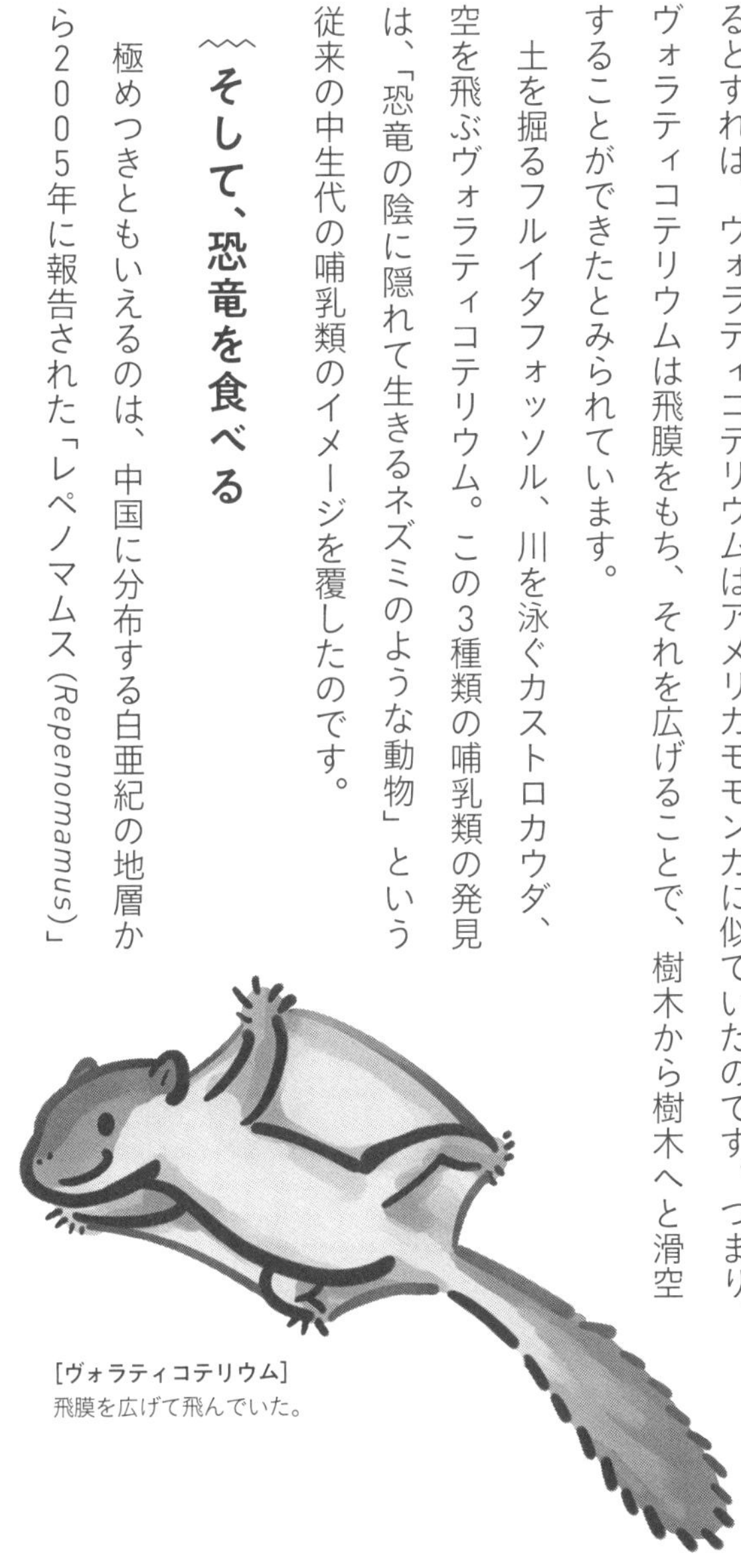

[ヴォラティコテリウム]
飛膜を広げて飛んでいた。

です。この哺乳類は、なんと頭胴長80センチメートルもの大きさがありました。

この大きさは、現代日本で盲導犬として活躍するラブラドール・レトリバーに匹敵します。そしてがっしりと力強い顎をもち、そこには鋭い歯が並んでいました。明らかに狩人としての〝顔つき〟だったのです。

しかも、レペノマムスの化石の一つからは、その胃があったとみられる場所に、植物食恐竜の幼体の化石がみつかりました。その化石は、胴体を切断されていました。レペノマムスがかみ切ってのちに丸のみしたようです。

そこにはもはや、従来のイメージの根底にあった〝弱者〟の面影はありません。

なお、ここで紹介した哺乳類たちは、現生哺乳類とはグループが異なります。彼らのグループはほとんどの恐竜とともに白亜紀末に絶滅し、現在へは子孫を残していません。

[レペノマムス]
恐竜の幼体を捕食していた。

隕石衝突？ 地殻変動？――大量絶滅の理由

恐竜類はなぜ滅びたのでしょうか。１９８０年に「その原因は、巨大隕石（いんせき）の衝突である」という説が発表されました。

１９８０年にこの説が発表されたとき、証拠として挙げられていたのは、白亜紀末の地層から発見された「イリジウムの濃集」でした。

イリジウムは本来であれば、地球表層にはほとんど存在しない元素です。

そこで、研究者は、イリジウムが宇宙からやって来

たと考えたわけです。

当時、社会情勢は冷戦の真っ最中。世界はいわゆる「核の脅威」にさらされており、隕石衝突は核戦争ののちにやってくるとされていた「核の冬」を思い起こさせました。

すなわち、隕石衝突によって地殻表層が粉々になって大気中にばらまかれ、それが長期間にわたって太陽光を遮ることになったと考えられたのです。

その結果、日光量が低下したことで、光合成が十分にできなくなった植物は枯れていき、やがて植物食の恐竜が滅んでいく。そして、植物食恐竜を食べていた肉食恐竜も滅んでいった。そう考えられたのでした。

この説をいちはやく取り込んだ一般向けの作品といえば、1987年に公開された映画『ドラえもん　のび太と竜の騎士』でしょう。作中では、彗星（すいせい）の衝突を恐竜たちの絶滅の原因としました。インターネットが普及していない時代に、この速さで最新の学説を作中に取り込んだところは、さすが藤子・F・不二雄さんであるといえます。藤子さんの作品には、たとえば、1990年に刊行された『藤子・F・不二雄　恐竜ゼミナール』（小学館）など、恐竜を扱ったものがいくつもあります。

諸説乱立の時代

地球外の天体が衝突したことを原因とする説は、研究者たちにすんなり受け入れられたわけではありませんでした。その動きは、一般書にも現れています。

1985年に刊行された『大むかしの生物』（学習研究社）には、「恐竜がほろびた理由」として、8項目が挙げられています。隕石衝突説は、「ごく最近いわれている」として紹介されていますが、8項目の筆頭ではありません。

まず紹介されているのは、「陸上のようすがかわった」という説で、白亜紀の終わりごろに地殻変動で山脈がたくさんでき、恐竜にはすみにくくなったとしています。その他の説として、「気候がかわった」「食べ物がなくなった」「新しい生物がふえた」「卵がかえらなくなった」などが続きます。

この本では、隕石衝突説について、そのメカニズムを説明したのちに「でも同じかんきょうにすんでいたトカゲ類やワニ類、ほ乳類などがどうして生きのこれたのでしょうか。またもっともえいきょうを受けたはずの植物は白亜紀末と第三紀の初め（土屋注：ここでいう「第三紀」とは、現在でいうところの「古第三紀」のこと）とでは大きなちがいがありません」とのべ、「これらのことから、いん石説にもじゅうぶんなっとくできません」とまとめています。

１９９０年に刊行された『学研の図鑑　恐竜』（学習研究社）では、恐竜絶滅の原因として、10項目を掲載しています。この本では、隕石衝突説は筆頭の仮説として最も大きなスペースで紹介されています。しかし、「どの考えにも無理がある」と題したコラムを掲載しています。

「どうやって」の時代へ

隕石衝突説を強固にする証拠は、１９９０年代から続々と報告されるようになりました。

まず、最も大きな証拠として、隕石衝突の際にできたとみられる巨大なクレーターが発見されました。

そして、隕石衝突時に発生したとみられる巨大津波の痕跡もみつかったのです。

植物たちに深刻なダメージがあったこともわかりました。悪環境に強いとされるシダ植物が、一時的に増えていたことが花粉や胞子の化石の分析から明らかになったのです。

哺乳類のような〝生き残り〟に関しても、けっしてダメージがなかったわけではなく、多くの種が滅んでいたことが明らかになりました。

こうした〝証拠〟の追加を受けて、2010年には「白亜紀末の大量絶滅事件の原因は、小惑星衝突説（隕石衝突説）で決まり！」という旨の論文が発表されました。

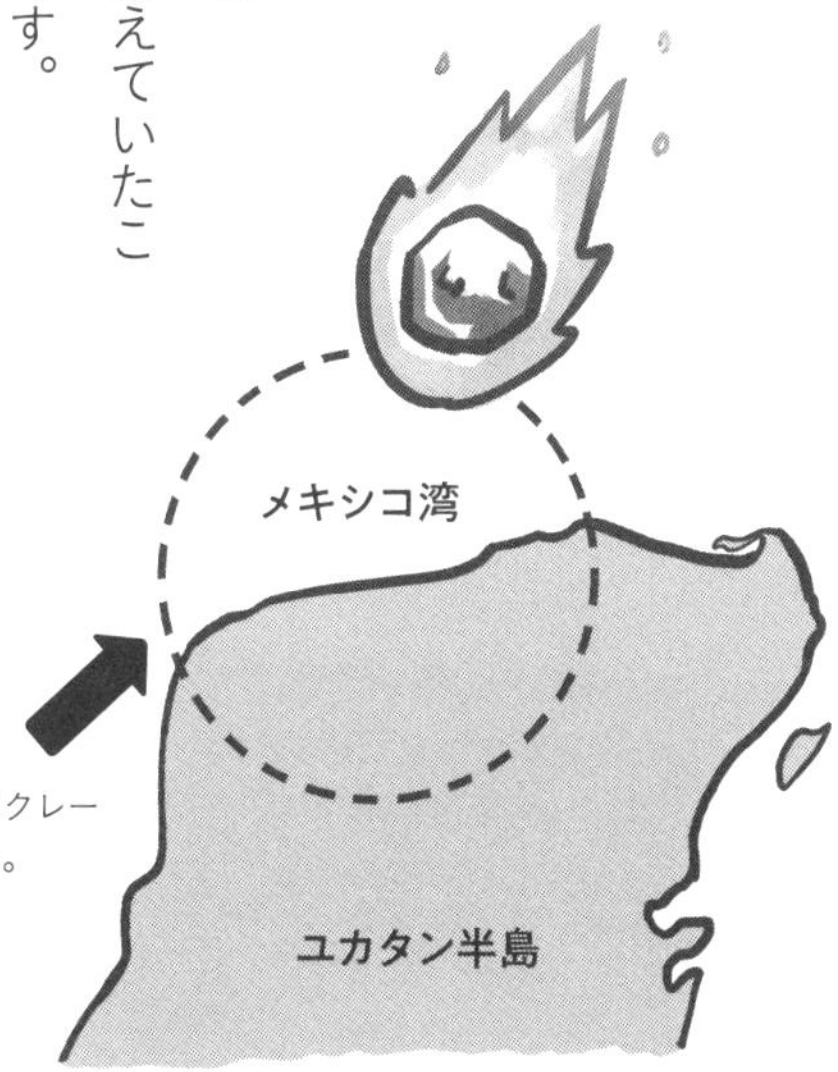

このあたりにクレーターができた。

合計41人もの研究者がこの論文に名前を連ねています。

2010年代になって増えてきた研究は、「隕石衝突で『どのようにして』動物が滅んでいったのか」というより詳しいシナリオに関するものです。

たとえば、隕石が落ちた場所には「たまたま〝酸性雨の材料〟となる地層が厚く堆積していた」ことが指摘されています。ここに隕石が落ちたことで、大量の酸性雨が降ることになり、陸上はもちろん、海の中のプランクトンにも深刻な影響をあたえ、その結果、多くの海の動物たちが滅んでいったのではないか、とされました。

恐竜絶滅論争は、今もなお新たなステージへと進んでいるのです。

Column

生き残った動物たち

約6600万年前の大量絶滅事件。

この絶滅事件で多くの動物群が滅びましたが、もちろん生き残ったものも数多くいました。

生き残りの代表格といえば、鳥類と哺乳類でしょう。恐竜類の中で唯一、鳥類だけが生き残りました。ただし鳥類も無傷ではなく、たくさんの種が滅んでしまったことがわかっています。

哺乳類についても、177ページで紹介した中生代の哺乳類グループの多くは滅んでいます。かろうじていくつかのグループが生き残り、今日につながっているのです。他にもワニ類やカメ類などは生き残りました。無脊椎動物では、アンモナイト類とともに栄えていたオウムガイ類なども生きのびています。絶滅か否かを分けた条件は、現在でもよくわかっていません。

この本の監修

群馬県立自然史博物館でふしぎな「アフター」を発見!!

本書の監修をした「群馬県立自然史博物館」は、人間と自然の繋がりを再生して、自然の記憶を未来につないでいくことを目的に、展示や自然観察会などをとおして、自然の成り立ちやしくみを紹介する博物館です。

また、群馬県の豊かな自然や地球の生い立ちを、壮大なジオラマや化石標本とともに、紹介しています。

その展示の中で、今回の「恐竜・古生物ビフォーアフター」にちなんでご紹介したいのが、「ディノサウロイド」です。

ディノサウロイドは、実在はしていませんが、もしかしたらあったかもしれない、恐竜の「アフター」のすがたです。

「もし、恐竜が絶滅しなかったら……？」

古生物ファンであれば一度は考えることかもしれないこの問いに対して、カナダの古生物学者デイル・ラッセルが提唱したのが、ディノサウロイドなのです。

ラッセルは、恐竜のなかで一番大きな脳をもつ「トゥルオドン」が絶滅せずに進化し続けたらヒトのような骨格になるのではないかと考えました。

群馬県立自然史博物館には、その考えをもとにつくられたディノサウロイドの模型があります。

ふしぎなそのすがた、ぜひ、実際に博物館に行って確かめてみてください。

群馬県立自然史博物館に展示されているディノサウロイドの模型。

群馬県立自然史博物館

〒370-2345
富岡市上黒岩1674-1
Tel.0274-60-1200
休館日：毎週月曜日(祝日の場合は翌日)、年末年始。臨時休館の場合もあるため、開館情報はホームページかお電話にてご確認ください。
開館時間：9:30〜17:00(入館は16:30まで)

おわりに

全30トピックスの「ビフォーアフター」。いかがでしたか?ティランノサウルスもトリケラトプスも始祖鳥も、すべての古生物のイメージは、時代とともに変遷してきたことが伝わると、筆者としてはうれしい限りです。

1990年代末からのインターネットの普及によって、こうした変化は加速度的に進んでいます。

本書で紹介した「アフターの恐竜像」は絶対的なものではなく、今後も変わっていくことでしょう。それは、実はこの本の編集作業が終わり、出版するまでのわずかな期間に行われるかもしれませんし、数年先、あるいは数十年先になるかもしれません。

確かに言えることは、「古いから間違い」と一概に否定して良いというものではない、ということです。

どれだけ古いイメージであっても、それは当時の研究者たちが、当時の知見を総動員して構築したものです。その背景には、さまざまなドラマがあります。ぜひ、これからも、そうしたドラマにご注目いただければ幸いです。


今、あなたがこのページを読んでいるのは「いつ」でしょうか？

奥付の刊行日からそう間を置かずに、ここまでたどり着かれたでしょうか？

それとも、もしかしたら古本として本書を購入し、そして積ん読本を経て、ここまで読まれていますでしょうか？

本書に登場する古生物たちに少しでも興味をもっていただけたのでしたら、ぜひ、その古生物名をインターネットで検索してみてください。ひょっとしたら、本書で紹介した姿とは全く異なるものが表示されるかもしれません。

ただし、インターネット時代は、情報の玉石混淆時代でもあります。あなたが検索で眼にするイメージが、果たして科学的にどれくらいの意味をもつものなのか。
その確認には、ぜひ、書籍を参考にされてみてください。

コラムでも書いたように、恐竜やその他の古生物を研究対象とする古生物学は、科学の一分野です。科学は停滞せず、日進月歩で進んでいます。これからも古生物学のさまざまなテーマにご注目ください。

最後になりましたが、改めて本書の監修を担当してくださった群馬県立自然史博物館のみなさん、恐竜本情報をくださった田村さん、素敵なイラストを描いてくださったツク之助さんに感謝申し上げます。

そして、ここまで読んでくださったあなたに、重ねて感謝を。

古生物のイメージをつくってきた歴史を少しでも楽しんでいただけたのでしたら、筆者としてこれに勝る喜びはありません。ありがとうございます。

サイエンスライター　土屋　健

索引

トピックで大きく扱っている種名などは太字。
トピックに頻出する場合は、初出のページを記した。

もっと詳しく知りたい読者のための

参考資料

本書を執筆するにあたり、とくに参考にした主要な文献は次の通り。なお、邦訳があるものに関しては、一般に入手しやすい邦訳版をあげた。また、Webサイトに関しては、専門の研究機関もしくは研究者、それに類する組織・個人が運営しているものを参考とした。Webサイトの情報は、あくまでも執筆時点での参考情報であることに注意。

※本書に登場する年代値は、とくに断りのないかぎり、International Commission on Stratigraphy, 2018/08, INTERNATIONAL STRATIGRAPHIC CHARTを使用している

1章

《一般書籍》

『大むかしの生物』監修：小畠郁生、1985年刊行、学習研究社
『大むかしの生物』共編：八杉竜一、浜田隆士、1994年刊行、小学館
『大人のための「恐竜学」』監修：小林快次、著：土屋 健、2013年刊行、祥伝社新書
『学研の図鑑 恐竜』監修・指導：長谷川善和、1990年刊行、学習研究社
『完全解剖ティラノサウルス』編：NHKスペシャル「完全解剖ティラノサウルス」制作班、執筆：土屋 健、2016年刊行、NHK出版
『恐竜学最前線10』1995年刊行、学習研究社
『恐竜学入門』著：David E. Fastovsky、David B. Weishampel、2015年刊行、東京化学同人
『恐竜大百科事典』著：James O. Farlow、M.K. Brett-Surman、2001年刊行、朝倉書店
『恐竜なんでも事典』監修：小畠郁生、著：石倉淳一、西岡たか史、1993年刊行、集英社
『恐竜のなぞ②』監修：小畠郁生、1995年刊行、講談社
『恐竜博物館』著：小畠郁生、1973年刊行、光文社
『講談社パノラマ図鑑 きょうりゅう』著：長谷川善和、1991年刊行、講談社
『世界恐竜発見史』著：ダレン・ネイシュ、2010年刊行、ネコ・パブリッシング
『ジュラ紀の生物』監修：群馬県立自然史博物館、著：土屋 健、2015年刊行、技術評論社
『生命史図譜』監修：群馬県立自然史博物館、著：土屋 健、2017年刊行、技術評論社

『そして恐竜は鳥になった』監修：小林快次、著：土屋 健、2013年刊行、誠文堂新光社
『超肉食恐竜ティラノサウルスの誕生！』監修：小林快次、著：土屋 健、2017年刊行、講談社
『肉食の恐竜・古生物図鑑』著：土屋 健、2017年刊行、誠文堂新光社
『白亜紀の生物 上巻』監修：群馬県立自然史博物館、著：土屋 健、2015年刊行、技術評論社
『ふしぎがわかるしぜん図鑑 きょうりゅうとおおむかしのいきもの』監修：水野丈夫、小畠郁生、1992年刊行、フレーベル館
『ホルツ博士の最新恐竜事典』著：トーマス・R・ホルツJr.、2010年刊行、朝倉書店
『まんが恐竜図鑑事典』著：小畠郁生、1982年刊行、学習研究社
『The PRINCETON FIELD GUIDE to DINOSAURS 2ND EDITION』
著：GREGORY S. PAUL、2016年刊行、PRINCETON

《プレスリリース》
『巨大オルニトミモサウルス類デイノケイルス・ミリフィクスの長年の謎を解決』北海道大学、2014年10月23日
『北米大陸初の羽毛恐竜の発見と鳥類の翼の起源を解明』北海道大学、2012年10月26日

《企画展等図録》
『恐竜博2011』2011年、国立科学博物館
『恐竜博2016』2016年、国立科学博物館
『恐竜2009ー砂漠の奇跡』2009年、幕張メッセ

《Webサイト等》
『最凶の“半水生”魚食恐竜、実は泳ぎがヘタだった』ナショナルジオグラフィック、2018年8月23日、https://natgeo.nikkeibp.co.jp/atcl/news/18/082200369/?P=1
『Get to Know a Dino: *Velociraptor*』AMNH, 2016年5月24日, https://www.amnh.org/explore/news-blogs/on-exhibit-posts/get-to-know-a-dino-velociraptor

《学術論文》
Darla K. Zelenitsky, François Therrien, Gregory M. Erickson, Christopher L. DeBuhr, Yoshitsugu Kobayashi, David A. Eberth, Frank Hadfield, 2012, Feathered Non-Avian Dinosaurs from North America Provide Insight into Wing Origins, Science, vol.338, p510-514

Dennis F.A.E.Voeten, Jorge Cubo, Emmanuel de Margerie, Martin Röper, Vincent Beyrand, Stanislav Bureš, Paul Tafforeau, Sophie Sanchez, 2018, Wing bone geometry reveals active flight in *Archaeopteryx*, Nature Communications, Vol.9, Article number: 923

Diegert, Carl. F., Thomas E. Williamson, 1998. A digital acoustic model of the lambeosaurine hadrosaur Parasaurolophus tubicen. Journal of Vertebrate Paleontology, 18:38A.

Donald M. Henderson, 2018, A buoyancy, balance and stability challenge to the hypothesis of a semi-aquatic *Spinosaurus* Stromer, 1915 (Dinosauria: Theropoda). PeerJ 6:e5409; DOI 10.7717/peerj.5409

Emanuel Tschopp, Octávio Mateus, Roger B.J. Benson, 2015, A specimen-level phylogenetic analysis and taxonomic revision of Diplodocidae(Dinosauria, Sauropoda), PeerJ, 3:e857; DOI 10.7717/peerj.857

Eric Snively, Jessica M. Theodor, 2011, Common Functional Correlates of Head-Strike Behavior in the Pachycephalosaur *Stegoceras validum* (Ornithischia, Dinosauria) and Combative Artiodactyls. PLoS ONE, vol.6, no.6, e21422. doi:10.1371/journal.pone.0021422

Fiann M. Smithwick, Robert Nicholls, Innes C. Cuthill, Jakob Vinther, 2017, Countershading and Stripes in the Theropod Dinosaur *Sinosauropteryx* Reveal Heterogeneous Habitats in the Early Cretaceous Jehol Biota, Current Biology, 27, 1-7

James O. Farlow, Shoji Hayashi, Glenn J. Tattersall, 2010, Internal vascularity of the dermal plates of *Stegosaurus* (Ornithischia, Thyreophora), Swiss J. Geosci., vol.103, p173-185

Ji Qiang, Philip J. Currie, Mark A. Norell, Ji Shu-An, 1998, Two feathered dinosaurs from northeastern China, Nature, vol.393, p753–761

John R. Horner, Mark B. Goodwin, 2009, Extreme Cranial Ontogeny in the Upper Cretaceous Dinosaur *Pachycephalosaurus*, PLoS ONE, vol.4, no.10, e7626. doi:10.1371/journal.pone.0007626

Joseph E. Peterson, Christopher P. Vittore, 2012, Cranial Pathologies in a Specimen of *Pachycephalosaurus*, PLoS ONE, vol.7, no.4, e36227. doi:10.1371/journal.pone.0036227

Kenneth Carpenter, 1998, Evidence of predatory behavior by carnivorous dinosaurs, GAIA N' 15, LISBOAILISBON, DEZEMBRO/DECEMBER p135-144

Lawrence M. Witmer, 2001, Nostril Position in Dinosaurs and Other Vertebrates and Its Significance for Nasal Function, Science, Vol.293, Issue 5531, p850-853

Mark B. Goodwin, John R. Horner, 2004, Cranial histology of pachycephalosaurs (Ornithischia: Marginocephalia) reveals transitory structures inconsistent with head-butting behavior, Paleobiology, vol.30, no.2, p253-267

Michael P. Taylor, 2009, A re-evaluation of *Brachiosaurus altithorax* Riggs 1903 (Dinosauria, Sauropoda) and its generic separation from *Giraffatitan brancai* (Janensch 1914), Journal of Vertebrate Paleontology, vol.29, no.3, p787-806

Nizar Ibrahim, Paul C. Sereno, Cristiano Dal Sasso, Simone Maganuco, Matteo Fabbri, David M. Martill, Samir Zouhri, Nathan Myhrvold, Dawid A. Iurino, 2014, Semiaquatic adaptations in a giant predatory dinosaur, Science, vol.345, p1613-1616

Osborn, Henry Fairfield, 1924, Three new Theropoda, Protoceratops zone, central Mongolia. American Museum novitates, no.144

Patricio Domínguez Alonso, Angela C. Milner, Richard A. Ketcham, M. John Cookson, Timothy B. Rowe, 2004, The avian nature of the brain and inner ear of *Archaeopteryx*, Nature, vol.430, p666–669

Phil R. Bell, Nicolás E. Campione, W. Scott Persons IV, Philip J. Currie, Peter L. Larson, Darren H. Tanke, Robert T. Bakker, Tyrannosauroid integument reveals conflicting patterns of gigantism and feather evolution, Biol. Lett., Vol.13

Shoji Hayashi, Kenneth Capenter, Mahito Watabe, Lorrie A. Mcwhinney, 2012, Ontogenetic Histology of *Stegosaurus* plates and spikes, Palaeontology, vol. 55, Part 1, p145–161

Xing Xu, Kebai Wang, Ke Zhang, Qingyu Ma, Lida Xing, Corwin Sullivan, Dongyu Hu, Shuqing Cheng, Shuto Wang, 2012, A gigantic feathered dinosaurs from the Lower Cretaceous of China, Nature, vol.484, p92-93

Yuong-Nam Lee, Rinchen Barsbold, Philip J. Currie, Yoshitsugu Kobayashi, Hang-Jae Lee, Pascal Godefroit, François Escuillié, Tsogtbaatar Chinzorig, 2015, Resolving the long-standing enigmas of a giant ornithomimosaur *Deinocheirus mirificus*, Nature, vol.515, p257-260

2章

《一般書籍》

『大むかしの生物』監修：小畠郁生、1985年刊行、学習研究社
『大人のための「恐竜学」』監修：小林快次、著：土屋健、2013年刊行、祥伝社新書
『学研の図鑑 恐竜』監修・指導：長谷川善和、1990年刊行、学習研究社
『恐竜学』著：David E. Fastovsky、David B. Weishampel、2006年刊行、丸善
『恐竜学入門』著：David E. Fastovsky、David B. Weishampel、2015年刊行、東京化学同人
『恐竜なんでも事典』監修：小畠郁生、著：石倉淳一、西岡たか史、1993年刊行、集英社
『恐竜のなぞ②』監修：小畠郁生、1995年刊行、講談社
『恐竜の復元』監修：小林快次、平山廉、真鍋真、イラスト・造形：小田隆、田淵良二、徳川広和、GARY STAAB、KAREN CARR、TODD MARSHALL、TYLET KEILLOR、2008年刊行、学習研究社
『恐竜博物館』著：小畠郁生、1973年刊行、光文社
『広辞苑　第七版』編：新村出、2018年刊行、岩波書店
『講談社パノラマ図鑑 きょうりゅう』著：長谷川善和、1991年刊行、講談社
『ジュラ紀の生物』監修：群馬県立自然史博物館、著：土屋 健、2015年刊行、技術評論社

『三畳紀の生物』監修：群馬県立自然史博物館、著：土屋 健、2015年刊行、技術評論社
『小学館の図鑑NEO［新版］恐竜』監修：冨田幸光、2014年刊行、小学館
『楽しい日本の恐竜案内』監修：石垣 忍、林 昭次、著：土屋 健、2018年刊行、平凡社
『地球を支配した恐竜と巨大生物たち』編：日経サイエンス編集部、2004年刊行、日経サイエンス
『ティラノサウルスはすごい』監修：小林快次、著：土屋 健、2015年刊行、文藝春秋
『白亜紀の生物 上巻』監修：群馬県立自然史博物館、著：土屋 健、2015年刊行、技術評論社
『白亜紀の生物 下巻』監修：群馬県立自然史博物館、著：土屋 健、2015年刊行、技術評論社
『ふしぎがわかるしぜん図鑑 きょうりゅうとおおむかしのいきもの』監修：水野丈夫、小畠郁生、1992年刊行、フレーベル館
『まんが恐竜図鑑事典』著：小畠郁生、1982年刊行、学習研究社
『The PRINCETON FIELD GUIDE to DINOSAURS 2ND EDITION』著：GREGORY S. PAUL、2016年刊行、PRINCETON

《プレスリリース》
『むかわ町穂別産“むかわ竜”の全体像が明らかに』穂別博物館, 北海道大学, 2018年9月5日

《企画展等図録》
『恐竜の卵』2017年、福井県立恐竜博物館
『地球最古の恐竜博』2010年、六本木ヒルズ

《Webサイト等》
『恐竜の体色を初めて特定：中華竜鳥』ナショナルジオグラフィック、2010年1月27日、https://natgeo.nikkeibp.co.jp/nng/article/news/14/2227/

《学術論文》
平沢達矢, 2010, 鳥類に至る系統における呼吸器の進化, 科学, Vol.80, No.11, p1091-1097

Anthony R. Fiorillo, Ronald S. Tykoski, 2013, An Immature *Pachyrhinosaurus perotorum* (Dinosauria: Ceratopsidae) Nasal Reveals Unexpected Complexity of Craniofacial Ontogeny and Integument in *Pachyrhinosaurus*. PLoS ONE 8 (6): e65802. doi:10.1371/journal.pone.0065802

David E. Fastovsky, Yifan Huang, Jason Hsu, Jamie Martin-McNaughton, Peter M. Sheehan, David B. Weishampel, 2004, Shape of Mesozoic dinosaur richness, Geology, October 2004, v. 32, no. 10, p. 877–880

David J Varricchio, Anthony J Martin, Yoshihiro Katsura, 2007, First trace and body fossil evidence of a burrowing, denning dinosaur, Proc. R. Soc. B, 274, doi: 10.1098/rspb.2006.0443

Fucheng Zhang, Stuart L. Kearns, Patrick J. Orr, Michael J. Benton, Zhonghe Zhou, Diane Johnson, Xing Xu, Xiaolin Wang, 2010, Fossilized melanosomes and the colour of Cretaceous dinosaurs and birds, Nature, vol.463, p1075–1078

Jakob Vinther, Robert Nicholls, Stephan Lautenschlager, Michael Pittman, Thomas G. Kaye, Emily Rayfield, Gerald Mayr, Innes C. Cuthill, 2016, 3D Camouflage in an Ornithischian Dinosaur, Current Biology, 26, 1–7

Jasmina Wiemann, Tzu-Ruei Yang, Mark A. Norell, 2018, Dinosaur egg colour had a single evolutionary origin, Nature, vol.563, p555–558

John M. Grady, Brian J. Enquist, Eva Dettweiler-Robinson, Natalie A. Wright, Felisa A. Smith, 2014, Evidence for mesothermy in dinosaurs, Science, vol.344, p1268-1272

Jostein Starrfelt, Lee Hsiang Liow, 2016, How many dinosaur species were there? Fossil bias and true richness estimated using a Poisson sampling model. Phil. Trans. R. Soc. B 371 : 20150219. http://dx.doi.org/10.1098/rstb.2015.0219

Kohei Tanaka, Darla K. Zelenitsky , François Therrien,Yoshitsugu Kobayashi, 2017, Nest substrate reflects incubation style in extant archosaurs with implications for dinosaur nesting habits, Scientific Reports Vol.8, Article number: 3170

Kohei Tanaka, Darla K. Zelenitsky, Junchang Lü, Christopher L. DeBuhr, Laiping Yi, Songhai Jia, Fang Ding, Mengli Xia, Di Liu, Caizhi Shen, Rongjun Chen, 2018, Incubation behaviours of oviraptorosaur dinosaurs in relation to body size, Biol. Lett., 14: 20180135. http://dx.doi.org/10.1098/rsbl.2018.0135

Leonardo Salgado, Zulma Gasparini, 2006. — Reappraisal of an ankylosaurian dinosaur from the Upper Cretaceous of James Ross Island (Antarctica), Geodiversitas, vol.28, no.1, p119-135

Matthew G. Baron, David B. Norman, Paul M. Barrett, 2017, A new hypothesis of dinosaur relationships and early dinosaur evolution, Nature, Vol.543, p501–506

Paul M. Barrett, Alistair J. McGowan, Victoria Page, 2009, Dinosaur diversity and the rock record, Proc. R. Soc. B, 276, 2667–2674

Quanguo Li, Ke-Qin Gao, Jakob Vinther, Matthew D. Shawkey, Julia A. Clarke, Liliana D'Alba, Qingjin Meng, Derek E. G. Briggs, Richard O. Prum, 2010, Plumage Color Patterns of an Extinct Dinosaur, Science, vol.327, p1369-1372

3章

《一般書籍》

『大むかしの生物』監修：小畠郁生、1985年刊行、学習研究社
『大むかしの生物』共編：八杉竜一、浜田隆士、1976年刊行、小学館

『海洋生命5億年史』監修：田中源吾、冨田武照、小西卓哉、田中嘉寛、著：土屋 健2018年刊行、文藝春秋
『化石革命』著：ダグラス・パーマー、2005年刊行、朝倉書店
『学研の図鑑　恐竜』監修・指導：長谷川善和、1990年刊行、学習研究社
『恐竜博物館』著：小畠郁生、1973年刊行、光文社
『恐竜なんでも事典』監修：小畠郁生、著：石倉淳一、西岡たか史、1993年刊行、集英社
『ジュラ紀の生物』監修：群馬県立自然史博物館、著：土屋 健、2015年刊行、技術評論社
『小学館の図鑑NEO 大むかしの生物』監修：日本古生物学会、2004年刊行、小学館
『三畳紀の生物』監修：群馬県立自然史博物館、著：土屋 健、2015年刊行、技術評論社
『新版 絶滅哺乳類図鑑』著：冨田幸光、伊藤丙男、岡本泰子、2011年刊行、丸善出版
『生命史図譜』監修：群馬県立自然史博物館、著：土屋 健、2017年刊行、技術評論社
『白亜紀の生物 上巻』監修：群馬県立自然史博物館、著：土屋 健、2015年刊行、技術評論社
『白亜紀の生物 下巻』監修：群馬県立自然史博物館、著：土屋 健、2015年刊行、技術評論社
『ふしぎがわかるしぜん図鑑 きょうりゅうとおおむかしのいきもの』監修：水野丈夫、小畠郁生、1992年刊行、フレーベル館
『藤子・F・不二雄 恐竜ゼミナール』著：藤子・F・不二雄、1990年刊行、小学館
『まんが恐竜図鑑事典』著：小畠郁生、1982年刊行、学習研究社
『Newton別冊 生命史35億年の大事件ファイル』2010年刊行、ニュートンプレス
『PTEROSAURUS』著：Mark P. Witton、2013年刊行、Princeton University Press

《プレスリリース》

『白亜紀末の生物大量絶滅は、隕石衝突による酸性雨と海洋酸性化が原因』千葉工業大学惑星探査研究センター、2014年3月10日

《Webサイト等》

『ニホンジネズミ』侵入生物データベース、国立環境研究所、https://www.nies.go.jp/biodiversity/invasive/DB/detail/10510.html

《学術論文》

田原健太郎、佐藤たまき、平山 廉、2012、北海道北西部より産出した白亜紀海生爬虫類化石、むかわ町立穂別博物館研究報告、第27号、23-33頁

Alan R. Hildebrand, Glen T. Penfield, David A. Kring, Mark Pilkington, Antonio Camargo Z., Stein B. Jacobsen, William V. Boynton, 1991, Chicxulub Crater: A possible Cretaceous/Tertiary boundary impact crater on the Yucatán Peninsula, Mexico, Geology, 19 (9), 867-871

Andrzej Kaim, Yoshitsugu Kobayashi, Hiroki Echizenya, Robert G. Jenkins, Kazushige Tanabe, 2008, Chemosynthesis-based associations on Cretaceous plesiosaurid carcasses, Acta Palaeontologica Polonica, 53 (1), 97-104, doi:http://dx.doi.org/10.4202/app.2008.0106

Buruce F. Bohor, Russell Seitz, 1990, Cuban K/T catastrophe, Nature, Vol.344, p593

Chun Li,Xiao-Chun Wu,Olivier Rieppel,Li-Ting Wang,Li-Jun Zhao,2008,An ancestral turtle from the Late Triassic of southwestern China,natute,vol.456,p497-501

Donald M. Henderson, 2010, Pterosaur body mass estimates from three-dimensional mathematical slicing, Journal of Vertebrate Paleontology, 30:3, 768-785

Edwin A. Cadena, James F. Parham, 2015, Oldest known marine turtle? A new protostegid from the Lower Cretaceous of Colombia, PaleoBios 32: 1–42

Jin Meng, Yaoming Hu, Yuanqing Wang, Xiaolin Wang, Chuankui Li, 2006, A Mesozoic gliding mammal from northeastern China, Nature, vol. 444, p889-893

Johan Lindgren,Hani F. Kaddumi,Michael J. Polcyn,2013,Soft tissue preservation in a fossil marine lizard with a bilobed tail fin,Nat. Commun. 4:2423 doi: 10.1038/ncomms3423

Johan Lindgren,Michael W. Caldwell,Takuya Konishi,Luis M. Chiappe,2010,Convergent Evolution in Aquatic Tetrapods: Insights from an Exceptional Fossil Mosasaur. PLoS ONE,vol.5,no.8,e11998. doi:10.1371/journal.pone.0011998

Luis W. Alvarez, Walter Alvarez, Frank Asaro, Helen V. Michel, 1980, Extraterrestrial Cause for the Cretaceous-Tertiary Extinction, Science, vol.208,p1095-1108

Mark P. Witton,Darren Naish,2008,A Reappraisal of Azhdarchid Pterosaur Functional Morphology and Paleoecology,PLoS ONE,vol.3,no.5,e2271. doi:10.1371/journal.pone.0002271

Mark P. Witton, Michael B. Habib, 2010, On the Size and Flight Diversity of Giant Pterosaurs, the Use of Birds as Pterosaur Analogues and Comments on Pterosaur Flightlessness, PLoS ONE, 5 (11): e13982. doi:10.1371/journal.pone.0013982

Peter Schulte,Laia Alegret,Ignacio Arenillas,José A. Arz,Penny J. Barton,Paul R. Bown,Timothy J. Bralower,Gail L. Christeson,Philippe Claeys,Charles S. Cockell,Gareth S. Collins,Alexander Deutsch,Tamara J. Goldin,Kazuhisa Goto,José M. Grajales-Nishimura,Richard A. F. Grieve,Sean P. S. Gulick,Kirk R. Johnson,Wolfgang Kiessling,Christian Koeberl,David A. Kring,Kenneth G.

MacLeod,Takafumi Matsui,Jay Melosh,Alessandro Montanari,Joanna V. Morgan,Clive R. Neal,Douglas J. Nichols,Richard D. Norris,Elisabetta Pierazzo,Greg Ravizza,Mario Rebolledo-Vieyra,Wolf Uwe Reimold,Eric Robin,Tobias Salge,Robert P. Speijer,Arthur R. Sweet,Jaime Urrutia-Fucugauchi,Vivi Vajda,Michael T. Whalen,Pi S. Willumsen,2010,The Chicxulub Asteroid Impact and Mass Extinction at the Cretaceous-Paleogene Boundary,Science,vol.327,p1214-1218

Qiang Ji, Zhe-Xi Luo, Chong-Xi Yuan, Alan R. Tabrum, 2006, A Swimming Mammaliaform from the Middle Jurassic and Ecomorphological Diversification of Early Mammals, Nature, vol. 311, p1123-1127

Rainer R. Schoch, Hans-Dieter Sues, 2015, A Middle Triassic stem-turtle and the evolution of the turtle body plan, Nature, Vol.523, p584–587

Sohsuke Ohno,Toshihiko Kadono,Kosuke Kurosawa,Taiga Hamura,Tatsuhiro Sakaiya,Keisuke Shigemori,Yoichiro Hironaka,Takayoshi Sano,Takeshi Watari,Kazuto Otani,Takafumi Matsui,Seiji Sugita,2014,Production of sulphate-rich vapour during the Chicxulub impact and implications for ocean acidification,Nature geoscience,vol.7,p279-282

Takuya Konishi,Johan Lindgren,Michael W. Caldwella,Luis Chiappe,2012,*Platecarpus tympaniticus* (Squamata, Mosasauridae): osteology of an exceptionally preserved specimen and its insights into the acquisition of a streamlined body shape in mosasaurs,Journal of Vertebrate Paleontology,vol.32, Issue6,p1313-1327

Yaoming Hu,Jin Meng,Yuanqing Wang,Chuankui Li,2005,Large Mesozoic mammals fed on young dinosaurs,Nature,vol.433,p149-152

Zhe-Xi Luo,John R. Wible,2005,A Late Jurassic Digging Mammal and Early Mammalian Diversification,vol.308,p103-107

Rodrigo Temp Müller, Max Cardoso Langer, Sérgio Dias-da-Silva, 2018, An exceptionally preserved association of complete dinosaur skeletons reveals the oldest long-necked sauropodomorphs, Biol. Lett. 14: 20180633.http://dx.doi.org/10.1098/rsbl.2018.0633

論文の探し方

論文は、「著者」、「発表年」、「タイトル」、「掲載媒体」の順に表記されています。気になる論文があったら、著者名から掲載媒体名までを全文検索してみましょう。

もっと「論文を読んでみたい！」という方は、「Google Scholar」を利用してみましょう。世界中の論文が検索できる検索エンジンです。気になる古生物の種名を入力して、論文を探してみましょう。

監修

群馬県立自然史博物館

群馬県富岡市にある、群馬県の自然や地球の成り立ちを、豊富な資料とともに紹介する博物館。主な監修に「親子で遊べる！恐竜知育ぶっく」(朝日新聞出版)、「リアルサイズ古生物図鑑 古生代編」(技術評論社)などがある。

イラスト

ツク之助

いきものイラストレーター。爬虫類や古生物を中心に、生物全般のイラストを描く。ツクツクれぷたいるずのグッズシリーズを展開。イラストを担当した書籍に、「もっと知りたいイモリとヤモリ どこがちがうか、わかる？」(新樹社)、「マンボウのひみつ」(岩波ジュニア新書)、「ドラえもん はじめての国語辞典 第2版」(小学館)など。

著者

土屋 健

サイエンスライター。オフィスジオパレオント代表。日本地質学会員、日本古生物学会員。金沢大学大学院自然科学研究科で修士号を取得(専門は地質学、古生物学)。その後、科学雑誌『Newton』の編集記者、部長代理を経て、現職。古生物に関わる著作多数。『リアルサイズ古生物図鑑古生代編』(技術評論社)で、「埼玉県の高校図書館司書が選ぶイチオシ本2018」第1位を受賞。近著に『地球のお話365日』(共著:技術評論社)、監修書に『メイとロロの学べるめいろ 恐竜たちの世界』(著 しみずとしふみ：イーストプレス)など。

恐竜・古生物ビフォーアフター

2019年5月20日　初版第1刷発行
2019年6月30日　第2刷発行

著者　土屋 健
イラスト　ツク之助
監修　群馬県立自然史博物館
装丁・本文デザイン　細山田光宣＋木寺 梓(細山田デザイン事務所)
校正　荒井 藍
DTP　松井和彌
企画・編集　黒田千穂
発行人　北畠夏影
発行所　株式会社イースト・プレス
〒101-0051 東京都千代田区神田神保町2-4-7 久月神田ビル
TEL：03-5213-4700
FAX：03-5213-4701
HP：http://www.eastpress.co.jp/
印刷所　中央精版印刷株式会社

ISBN 978-4-7816-1787-9